長屋から始まる新しい物語

住まいと暮らしとまちづくりの実験

藤田 忍：著

本書は「一般財団法人住総研」の 2022 年度出版助成を得て出版されたものである。

はじめに

豊崎の主屋、路地、長屋

　人生には稀に、カルチュア・ショックと呼びたくなるような……「何なんだろうこれは」とビックリさせられる出来事がある。

　2006 年 5 月のことだった。梅田から歩いてわずか 15 分ほどの北区豊崎の長屋街に足を一歩踏み入れた途端、目を見張った。緑豊かな土の路地の横には大きなお屋敷があり、その周りを数棟の長屋が取り囲んでいる。この長屋街に隣接する地域は、高層のビルやマンションが林立しているが、ここだけは何十年もの間、時間が止まったかのように、ひっそりとしている。都会のオアシスだ、奇跡に近い。これは残したい、残すべきであると瞬間的に思ったのである。

大阪の長屋が多く残っている地域は、細街路が残る木造密集地域といわれ、大都市圏の居住環境整備といった観点でいえば、防災上は一刻も早く除却し不燃化を図らねばならない。都市計画、都市防災の専門領域や行政では、そのようにみなされ、研究され、研究者のはしくれである筆者もそう教えられ、それが常識だと刷り込まれてきた。

　ところがそうではなく、残すべき、残したくなる戦前長屋のまちがあるのだということにその時、はじめて気がついたのである。

　その後豊崎のこの長屋街は2007年から、筆者の勤務校だった大阪市立大学（当時・現大阪公立大学）の、学際的な研究機関、都市研究プラザ（現在の都市科学・防災研究センターの前身）のサテライト・現場プラザとして位置付けられることとなり、名称は「豊崎プラザ」となった。ここを担う大阪市立大学長屋研究会のメンバーは谷直樹（当時教授）、竹原義二（当時教授）、小池志保子（当時助教授）、私、の４人が中心であった。以降、この研究グループでは、ここを中心に耐震補強、改修工事による賃貸住居としての長屋再生モデルをつくり、その普及を進めてきた。

　大阪長屋に目覚め、あらためて大阪のまちを見回すと、市内には立派な長屋がけっこう残っており、また可愛い雑貨屋、おしゃれなカフェやレストランなどに使われている例が目についた。阿倍野区昭和町の寺西長屋、北区中崎町、中央区空堀などが有名だったが、それら以外の市内各地でも長屋を多様な形で保全、利活用している個人やグループがあり、彼ら彼女らとの交流も進めてきた。

　筆者は、豊崎長屋を中心としたプロジェクトに関わるなかで、長屋についての３つのキーワードをつくった。「大阪型近代長屋スポット」「オープンナガヤ」「長屋人（ながやびと）」である。本書はこれらの概念を実際の調査、工事、イベント開催、ネットワーキング、20人を超える長屋人へのインタビューなどによって確認し、肉付けし具体化したものである。

　本書は全体で３部構成としてある。

　１部では長屋人の物語が語られる。長屋を舞台にしたお洒落でアートなライフスタイルの実現。居場所、絵本図書館、健康癒し教室、交流イベント、福祉事業等を、長屋をまちに開くことによって、まちの人々へ提供している

事例の数々を紹介する。まち歩きでまちの魅力を広めたり、アーティストが
ネットワークをつくり、国際化し、足下の防災まちづくりに取り組んだり、
一棟の長屋改修から商店街の活性化へ展開したり、長屋改修のノウハウを蓄
積し事例を増やしている。

　2部では、長屋の空間的、経済的な可能性について、考察を行う。まずは
緑あふれる路地を囲んだ長屋街「大阪型近代長屋スポット」の発見から始ま
る。その長屋と路地で営まれている暮らしの魅力について、住民自身の評価
を聞くとともに、なぜそのような「不思議な空間」が残されてきたのか、そ
の謎にせまる。次いで、私たちが15年間取り組んできた長屋のリノベーショ
ンプロジェクトを取り上げる。主に紹介するのは、須栄広長屋と豊崎長屋の
プロジェクトであり、いずれも10年以上の長期にわたって改修を進めてい
る。その継続する活動で培ってきた設計手法や長屋の空間を紹介するととも
に、小さな長屋住戸の改修が、群となってまちの中に点在することの意味や
時間をかけた取り組みの持つ力についても触れられればと思う。加えて、一
緒に大阪長屋の活用に取り組む建築家の仲間のプロジェクトもいくつか紹介
する。この部分：第6章は空間デザインの専門家：建築家である小池志保子
大阪公立大学教授にご執筆いただいたことによって、本書の建築的なレベル
が格段にアップした。多謝。

　3部では、市大モデルを広げ、他の数多くのモデルとも連携し、大阪長屋
再生のムーブメントを巻き起こす……ことを目指し実現するための戦術と戦
略を展開する。まず、世界的な建築一斉公開イベントであるオープンハウス・
ロンドンに範を持つ、オープンナガヤ大阪の11年11回の実践経験を詳らか
にし、社会的な反響、長屋関係者間のネットワーク構築の兆しを語る。最後
に長屋の大家さんと入居希望者たちが、その気になって動くことが、長屋保
全・活用まちづくりの鍵を握っていること、その背中を押す「生き生きした
長屋情報＝創造的不動産情報」とは何かを説明し、最後にこれまでの知見を
数点あげ、本書のまとめとする。

須栄広長屋の路地

1部

長屋人（ながやびと）の物語

—— どんな人が住んで、何を実現しているか

撮影：絹巻豊

長屋人とはなにものか?

　長屋人（ながやびと）などという言葉は辞典を引いても、ネット検索しても
まずは出てこない。

　では、筆者が「発見」した長屋人とはどんな人々なのか、その特徴をまと
めると、共通していえるのは、次のような特長をそなえている人々のことで
ある。

　ポリシー、社会的なミッション、すなわち自分の世界を持ち、日々元気に

長屋人と長屋っ子

活動している。

伝統的な木造の古民家とくに長屋に住み、その空間のよさ、魅力を感じて、大切にしている、愛している。

そこに自分の周りの色々な人のための居場所をつくる。それは常時開設する居場所もあれば、まち歩きをしてそのまちを楽しんでもらう、そういう居場所もある。

多くの人が芸術的な技を持っている。趣味だったものをいつの間にか仕事にしていく。当然のことだが、建築家はその仕事自体が芸術的である。

以上によって、空間的な居場所とアートで周りの人に対してよろこびや幸せをおすそ分けしている。それが福祉という場合もある。これが冒頭で述べた社会的なミッションをより豊かに発展させている。

ネットワーカーである。オープンナガヤに長屋居住者の友人を誘い、来た彼に「来年はお前も実行委員として参加しろよ」と広げてくれている人がいる。ブログなどでオープンナガヤを広げてくれる人もいる。オープンナガヤ以外に自分たちで主催するマーケットなどのイベントに相互に乗り入れ、ネットワークのリンクを張り、ネットワークのネットワークをつくっている人もいる。

長屋人の子どもたちも元気である。自分のお父さんお母さんが周りの人とつながっているので、自分もつながって隣の人を見ているし、町の外にすぐ飛び出して行っていろんなことをする。長屋っ子なのである。

ここで注意を要するのは、多くの長屋人は最初から長屋人だったのではないということである。どういうことかというと、長屋にこだわりを持って、最初から長屋をピンポイントで探したわけではない……という人のほうが多く、むしろ暮らしや仕事にこだわりを持っていて、それを実現しようと色々な物件を探し、結果的に今の長屋にたどり着いたというケースが多く見られる。そして住んでみて、また商売などを始めるうちに、空間としての長屋のよさ、人とのつながりの心地よさに気づき、そのよさを他の人にも伝えるような行動を起こし、いわば長屋人度を高めてきたのである。

1章　長屋で夢が実現した

1-1　絵と音と言葉のユニット「repair」
── 豊崎西長屋・日下さんと谷口さん

　2015 年から現在まで、年 2、3 回、3 日間豊崎長屋の主屋で開催されている「藝術のすみか」というアートイベントがある。

　その第 1 回は 2015 年 1 月 23 〜 25 日だったが、会場を覗くと 6 人の作家による展示と、中日の午後にはミニコンサートとギャラリートークも行われた。その時間帯の来場者だけでも 50 〜 60 人となり、広いお屋敷も満杯であった。なかにはお座敷に入れず庭で演奏を聴く人もいた。企画は絵と音と言葉のユ

写真 1-1 ミニコンサート

ニット「repair」のお二人。日下さんと谷口さん。

日下さんがとてもロマンチックでメルヘンチックなイラストを描き、谷口さんが詩と曲をつくり、ピアノを弾き、日下さんがトロンボーンを吹く……文字通り絵と音と言葉のアートである。トロンボーンはベースにもなり、メロディもできる……雲のようである谷口さんはいう。

写真1-2 イラスト

このお二人は前年の5月から豊崎長屋の住人である。大家さんと仲がよく、大家さん宅に招かれ、2時間ほど話をすることがあった。大家さんの理解を得られたので、二人が企画し4人の作家に声をかけ、大正年間の築90年以上のお屋敷豊崎長屋主屋でアートイベント「藝術のすみか」を開催することができた。

日下さんはもともとグラフィックデザイナーで、味のある手書き風の絵は、皆ビックリするのだが、フォトショップで描いている。

結成して当時5年だったこのユニットのテーマは「こわれたら、はじまり」。こわれていくのは死ぬのではなく、再生していくことと説明する。

長屋に住みたいと思ったのは、改修された長屋のインテリアが和と洋のミックスで、美しくお洒落だったこと。一目惚れだったという。美しく、お洒落であることは若い世代にとって必要条件である。これはひとえに設計した建築家のセンスによるが、詳しくは第6章で述べることにする。

今回の企画では自分たちが見たい作家を呼んだ。打ち合わせでは、おおよそそれぞれの場所を決めただけだった。

日本家屋なので、くぎが打てない。土壁に貼れないという、大変さがあったが、なんとか工夫した。すでに置いてあった家具、調度品、仏壇などはそのままで、作品を展示した。どれが元の家具や置物でどれが作品なのかと聞く来場者もいる。区別がつかない……面白さ。

つまり普段の生活をしているお座敷に溶け込むような展示になった。作家には空間と戦う人がいるが、今回の展示は空間に溶け込み、元々あった置物

写真1-3 お座敷

などと並ぶような展示になっている。

　アートを家屋に持ち込むと、ともすればアートが前面に出て空間のよさが後ろに引っ込んでしまうことが多いが、今回は、お座敷そのもののよさをうまく生かし、お座敷全体が芸術作品となったといえる。

　作家が共同で展示をするのは実は難しい。芸術家にはそれぞれにプライドがあり、自分が一番すばらしいと思っている人が多いので、ともすればぶつかる。それが、今回はうまく調和している。企画者の二人の人柄が大きいのだろう。

　大家さんも展示を見て、この座敷の品と美しさは自覚していたつもりだったが、それにも増して自分の普段見慣れている座敷が見違えるようになり、魅力がとても高まったことに、心底驚いていた……ことに筆者は驚いた。

　ミニコンサートも非常によかった。自然の木や紙や布で設えられているお座敷では、音がうまく吸収されるという。また時の経過とともに入ってくる陽の光が変化し、曲とともに部屋の表情が移ろう。

　４人の作家と長屋の改修に携わった建築家の小池志保子氏の５人によるギャラリートークが行われ、示されたのは芸術家には、内なる物語を持って

写真1-4 床の間

　いる人、場所・空間を読み取って作品をつくる人がおり、手を動かしながら夢を見るように絵を描く人などのタイプがあること、自分の心の中にある毒の部分を吐き出すことによってそれが薬のように変化し、癒されるという人もいる。つまり作品をつくらないと苦しい、その苦しさを癒すために作品をつくらざるを得ない人もいる。芸術家ではない私にも、芸術家の世界の複雑さ奥深さを垣間見ることができた。

　二人の作家のキーワードに共通して「こわす」「再生」というものがあった。小池氏によれば、長屋の改修、建築のリノベーションも一旦解体という「こわす」行為の後に、「再生」するので一緒だと述べていた。

　イベント「藝術のすみか」はさておき、「repair」の豊崎長屋ライフのことを、インタビューした。

　入居の経緯は、豊崎の別長屋での音楽イベント「ギャラリーヨルチャ」に参加したことがきっかけで豊崎長屋に興味を持った。このイベントを通じて、東長屋の居住者である大阪市大卒業生たちとも親しくなり、入居前からいわばコミュニティができた。

　2014年3月に長屋1戸が空くことを知り、2ヶ月後に入居した。一枚板の

お洒落なキッチンカウンター・テーブルが気に入り、また耐震改修もされているということで安心して入居を決めた。仕事の関係で梅田から歩いて15分という立地のよさも入居の理由になった。日下さんは今の実家に住む前、中学生まで長屋で暮らしていたが、豊崎長屋はきれいに改修されていたので長屋のイメージががらりと変わったという。

　賃貸契約は、普通の借家と同じで、家賃は8万5千円／月。振り込みであり、更新料はない。保証金は家賃の2ヶ月分のみ。契約書はあるがゆるい。大家さんからは「出たくなったら言ってね」と言われている。

　現在の住み方は、1階の部屋1（板間）を音楽活動のスペースとして使うので、キーボードが置いてある。隣の部屋2（板間）では、カウンターをフル活用し食事をしたり、仕事の打ち合わせスペースとして使ったりしている。2階の部屋（4.5畳＋板間）は、日下さんの仕事部屋兼寝室。部屋の隅を日下さんのワークスペースとしている。2階で日下さんが仕事をしている時、1階で谷口さんが作業するなど、個人の時間をつくることもある。二人とも頻繁に実家に帰る。

　荷物の一部は実家に置いたままで、必要なものを季節ごとに長屋に持ち込む。長屋には必要なもの以外は置かないように、物をできるだけ少なくするように心がけている。

　住み心地……気に入っている。カウンター、庭があるのが嬉しい。冬の寒さはガス暖房で乗り切ることができるが、夏の暑さは特に2階がつらいので、2階にはクーラーを設置した。網戸が欲しい。浴室には一旦外に出ないと行けないので、雨に濡れることもある。庇があるので気にならない程度。庭に虫が大量発生したことがあり、庭の植栽を整えてもらった。

　ライフスタイルということでは、オンオフの切り替えが曖昧な今の生活が気に入っている。区切りをつけたい時は外で仕事をし、気分転換をしている。仕事柄と長屋スケールが合っている。

　コミュニティ、近所付き合いも大切にしている。向かいの居住者ともよい距離感で、おかずを分けてもらったり、朝ご飯を食べさせてもらったこともある。隣近所の人たちは音楽活動にも理解があり、長屋で楽器の練習をすることができる。

　前出の大阪市大卒業生とその後も親しく、長屋で一緒にご飯を食べること

がある。町内会には参加していないが、任意の寄付はしたことがある。

　仕事は、ちょうど長屋に入居するころに日下さんの仕事が増えはじめ、現在も軌道に乗っている。SNS を活用し、イラストや音楽を全世界に向けて発信している。海外からの評価が高い。日下さん個人の仕事と「repair」としての活動を一緒にした枠組（レーベル）、「kutouten」をつくろうとしている。

　今後については、近所の人や大家さんとの付き合いが深いこともあり、すぐに長屋を出ようとは思っていない。生の楽器（ピアノ）を置きたいと考えているのでその点では不安がある。2022 年、事情が生じ、外に弾きに行ったり、蔵に保管したり等、転居以外の選択肢もあったが、転居した。

1-2 家具店+建築アトリエ　　　――クラニスム・安藤夫妻

　昭和初期に建てられた住吉区の2軒長屋を、家具店つき建築アトリエ住宅にセルフ・リノベーションしている。夫妻とも建築専門家でもあり、後述するオープンナガヤでは子どもも含む、壁塗りワークショップ等を開催した。

　安藤さんご夫妻は、2011 年に大阪に引っ越してきて、まずその年の秋に住吉区の古い1戸建て住宅に住んだ。

　クラニスム・ストアという屋号だが、これは以前住んでいたのが蔵だったことによる。

　もともと古い建物とか、古いものが好きだったので、まず古い家具を販売するという家具店を始めた。古い家具をそのまま買う客もいるが、「修理してほしい」「この形につくってほしい」というニーズが非常に多く、そこから工房が必要になった。

　工房は音を出すので最初に住んでいた住宅では、隣近所との関係で作業が難しく、いろいろ物件を探しているうちに、今の長屋にたどり着いた。

　2軒長屋であり、片方は住まい、もう片方は工房として、自分たちで改装しながら使える状態にしてきた。

　音を出すので、隣に迷惑をかけたくない、周りに空き地や駐車場があるという条件であった。つまりこのお二人も長屋を探していたわけではなくて、たまたまそういった条件を満たしたのが今の長屋だったのである。2013 年の春に入居し、改装は秋までかかったのだが、途中段階でその年のオープンナ

写真1-5 クラニスム

ガヤに初めて参加した。

　仕事は家具と内装だが、家具店ということで色々なイベントへ出店している。例えば阿倍野区の桃ヶ池長屋の4軒が中心となって開催する春と秋の“むすびの市”や、住之江区安立商店街の嶋屋喜兵衛商店の“おふく市”などである。また古い長屋の人たちとつながりができた結果、長屋の内装仕事が増えた。

　オープンナガヤに参加したきっかけは、2013年にFacebookでオープンナガヤがあるのを知り、また。阿倍野とかその辺りの長屋を見て回ったりして、イベント自体は知っており、市大教員の「参加してみませんか」という声がけで参加することになった。

　住吉区でポツンと自分たちだけで参加するよりは、何軒か回れるほうがいいだろうと思い、周りの長屋……たんぽっぽとしょかん＆うさ舎、カエルハウス、コンフィデンスカフェ、盆栽カフェ・グラードを誘った。仕事でつながり、友達になって意気投合した。安藤夫妻は長屋人の典型といっていいだろう。そしてネットワーカーである。

　桃ヶ池長屋の中にあるカタルテという器の店の方が、客として来た時に「むすびの市に出てみませんか」と声をかけられ、そこから交流が始まった。

　2軒長屋で2軒丸ごと借りているので、「ちょっと変わった戸建て住宅」に

写真1-6 家具の展示

住んでいるという感覚だが、オープンナガヤに参加することによって、他の長屋の住まい方、暮らしというのを知り、長屋の魅力を再認識したとのことである。

　奥さんは会津木綿を使ったとてもおしゃれで素敵な可愛い雑貨をつくっておられる。長屋人はやはりアーティストである。

　2015年のオープンナガヤでは、クラニスムストアに、ご近所の子どもたちが集まり、お泊まり会にまでなり、ご近所のお父さんやお母さんたちを驚かす場面もあった。オープン長屋っ子であり、長屋っ子ネットワークができたといえる。

　総じて、当初特に長屋にターゲットを絞っていたわけではないが、こだわりのある仕事を実現しようと物件を探し、結果として長屋にたどり着き、そのよさに気づき、周りの仲間とつながりを広げている、つまり市民が自発的にネットワークを構築しているとまとめることができる。

1-3　シェア・アトリエ＋長屋ギャラリー ── カエルハウス・河合夫妻

　築80年以上の古民家を自分たちでリノベーションし、シェア・アトリエとして活用している。裏には2軒長屋があり、時にギャラリーやヨガ教室とし

写真1-7 DIYで白い壁に　　　　　　　　　　写真1-8 ギャラリー

て使われている。西成区天下茶屋のカエルハウスである。

　河合さん自身は、長屋の居住者ではなく、大家さんである。

　父親から相続し、その後しばらくして人が出て行った時点では、屋根が落ちそうなほど傷んでいた。壊そうということで見積りをとると、壊すだけでも300万円ほどかかることがわかった。それでは、そのお金でなにか面白いことができないかと考えた。

　モノづくりをしている人たちに安く貸すことにした。3年ほど前、屋根をコロニアルで葺き替えて、電気、水道も改修した。いろいろ住人を探したが、なかなか見つからず、困っていたところ、2013年にクラニスムストアの安藤さんから第3回目のオープンナガヤに参加しないかと、声をかけられた。オープンナガヤを機に、なんと入居者が一挙に5人入り、5部屋が埋まった。オープンナガヤには空家を埋める効果がある。

　6畳から8畳の小部屋が9部屋あり、物づくりをする若い人を応援していくようなシェア・アトリエとした。借り手はその後8人まで増えた。

　入居者が増え、どんどん賑わいが出てきて住人同士が友達になったり、死んでいたような建物に活気が出てきて、みんな楽しくやってるので、大変満足している。コミュニティをはぐくむきっかけにもなるオープンナガヤ。

　河合さん自身は建築写真を撮る写真家でもある。ここでも長屋人はアートの技を持ち、シェア・アトリエということで若いモノづくり人たちに居場所を提供して、彼らに幸せのおすそ分けをしている。

　幸せを受け取っているのは、居住者だけではない。こだわりのモノづくり人たちが集まってきたことで、大家さんである河合ご夫妻自身も逆に幸せを

写真 1-9 カエルハウス正面

受け取っている。

　居住者には、ジャムをつくる人、額縁をつくる人、テイラーさんなどがいて、それぞれの専門の話を聞かせてくれ、「自分自身も豊かになった気がします」という。

　建物の持つ力が思いもよらぬ人との出会いをつくってくれた事例だが、面白い人たちに住んでもらおう、そうすると面白いことが起こるだろうと考えた河合さんの企画力が秀逸だった。オープンナガヤというイベントのタイミングもぴったり合った。オープンナガヤは空き家を埋めるだけでなく、コミュニティをはぐくむきっかけになる。

1-4 住居＆建築設計事務所　　　　──ヨシナガヤ・吉永さん

　2016年1月30日、毎日放送の番組「住人十色」で取り上げられ、大評判となった長屋である。キャッチコピーは「大阪市内で家賃2万円⁉ 新婚生活は築80年の長屋」。見学者に、立て板に水で語る吉永氏の長屋話の面白さを

写真1-10 ヨシナガヤ前面

写真1-11 本棚

毎日放送が聞きつけて、番組に出演することになった。

　地下鉄谷町線平野駅から徒歩5分ほどの便利なところにある。

　建築設計事務所を自営する吉永氏が、結婚を機にそれまで8年間住んでいた長屋を改修することになった。

　暗い、狭い、寒い、音が聞こえるという、古い長屋の弱点を、建築家らしい知恵と工夫で改修をした。玄関は大きな1枚のガラス戸に変え、その横の台所の前面には大きな窓を開け、光を取り入れ「暗い」を「明るい」に変えた。

　建物正面、いわゆるファサードは、何の変哲もないモルタルの壁にアルミのサッシと格子だったものを、1本200円の胴縁を150本並べ、計3万円でお洒落モダンの外壁へと大変身させた。これが同時に外断熱材となり、「寒い」を克服できた。低い天井を取り払い、太く立派な梁、桁とその上に広がる小屋裏の空間を見せることで、また大きな収納壁を持ったワンルームにすることで、「狭い」感じを払拭した。

　長屋では隣との境の壁が薄く、また天井裏に壁が立ち上がっていない場合、音が丸聞こえとなる。そのため戸境の壁全面を26mm厚の構造用合板で大きな本棚とした。本がぎっしりと詰まった本棚壁は遮音性が高い。構造上、強度があるので、棚の横板は梯子代わりになる。

番組では奥さんが本棚を登るシーンがあり、MCたちを驚かせ、笑わせていた。奥さんは建築の施工会社を経営しており、仕事柄高いところに登るのは慣れている。筆者も見学に行った時、突然吉永さんが本棚を登り始め、驚かされたことを思い出した。

　図面は1日ほどで本人が描き上げ、その後詳細は工事現場で決めながら進めていった。工事期間は2014年9月1日から11月8日までのうち実質40日間だったが、荷物を戸内に置いたままだったので、作業効率が悪く、ちょっと長引くことになった。

　工事を担ったのはご自身と奥さんに加えて、知人のNPOのメンバーである。奥さんが工務店で現場監督しているので要らなくなった材料をリユースすることができ、好都合であった。改修工事費は75万円ほどで、人件費はほとんどかけておらず、材料費だけですんでいる。

　改修工事に関しては、大家さんからは「近所に迷惑をかけないなら、何をやってもいい」とは言われていた。今よりよくしますと伝えた。

　今のところ雨もりなども問題はない。耐震については、基礎から見直して補強するべきと思うが予算がなくできていない。金物を取り付けたり、合板を打ち付けたりして最低限の補強はしている。

　このような方法で長屋を改修するやり方をヨシナガヤと名づけて、増やしていきたいと語っている。2022年時点で、すでに11番目までのヨシナガヤが出来ている。

　ご自身も特に最初から長屋にこだわっていたわけではなく、家賃の安さ、立地からたまたまこの長屋に入居したにすぎないが、暮らしてみてその面白さに気づいた。こうした経緯は、繰り返し述べているように長屋人に共通している。

　当初、隣家の仏壇の鈴の音で目が覚め、遮音しようと考えたが、本棚のおかげでそれが聞こえなくなって、今は少し寂しいと吉永氏は笑う。隣の高齢女性は、誰も住んでいなかったときは寂しく、怖かったが、吉永氏が住んでくれているだけで安心だという。この距離感が長屋の絶妙な間合いといってよい。

　古いものを改修すると、そこには積み重なっている歴史があり、さらに自分の思いが上書きされて物語となる。以前は、そこはなんだったのか、どうだったか、それがこう改修して、結果こうなって、こうなったという物語で

写真1-12 浴室

写真1-13 吉永さん

ある。

　吉永氏が「よっし長屋」に住もうと思い……そこから、改修して「良し長屋」となった「吉永家」という話でした。

　先日ある会合で、大手のハウスメーカーに勤める建築専門家から「TVでご主人が建築家で、奥さんが現場監督の若い夫婦の長屋の番組を見て、感激した。すごくオシャレなんですよ」といわれ、「それは我々のオープンナガヤの仲間です」と答えると、一瞬びっくりして「これまで長屋のどこがいいのかわからなかったけど、よいもんですね」といわれ、何とも複雑な気持ちになった。ヨシナガヤと、そのお二人の魅力が多くの人に伝わっているということが嬉しい反面、「えっ！　今頃長屋の魅力に気が付いたのか。TV番組がなければ、未だに長屋の価値、可能性がわかっていなかったのだ」と思った。我々は十数年間、大阪長屋の保全・活用を叫んできたわけだが、この声は大阪の建築専門家にさえ届いていなかったのだということにショックを受けるとともに、ヨシナガヤあるいはマスメディアの影響力の大きさに感嘆するばかりであった。

　暗い、寒い、狭い、うるさいを、明るい、暖かい、広い、静かへと、安い改修を工夫したヨシナガヤ、その後事例が増えていくことになる。

2章　まちにひらく、まちをひらく

2-1　美しく楽しい福祉事業所　── SAORI 豊崎・金野さん

　豊崎長屋の一番北側に北終長屋という 5 軒長屋がある。その 1 戸が、手織体験工房「SAORI 豊崎長屋」である。ダウン症や知的障がい、精神障がい、身体障がいの 13 人が先生となり、優しくゆったりと指導することで、楽しく手織りを体験することができるユニークな施設であり、テレビなどでも時々取り上げられる。そこにはのんびりとした時間と空気が流れている。

　障がいを持っているスタッフには独特の魅力があるという。それは、お年寄りから子ども、男性や女性、誰に対してもおなじように接することができることで、彼ら彼女らに先生として教えてもらうことによって、生徒たちは、ある種、癒されるのではないかと、筆者は想像する。

　正式には「障がい者自立支援事業所」という種類の施設であり、この長屋の改修工事の費用の一部に対して厚労省の事業助成を得ている。

　この長屋は明治時代（1897 年）の竣工で、床高が前面道路から数 cm と低かったため、わずかなスロープを付けることにより車椅子で容易に出入りできるようになった。さらにトイレも、幅広い引き戸として車椅子対応にし、ユニバーサルデザインの面でも、かなり水準の高い改修工事となっている。

　インテリアで特徴的なのは、壁一面の棚である。さをり織りの色とりどりの織り糸を並べ、機能的で、かつ美しく楽しい。美しいインテリアは長屋改修の合言葉である。

　ここの若い所長の金野さんは、さをりの仕事という障がい者の支援にとどまらず、東日本大震災被災地の支援や、アートイベントの開催など幅広い活動をしている。そのひとつに「ナガヤサーカス」があり、豊崎長屋の主屋で時々開催している。ご近所の方々や関係者、子どもたちも気軽に来て楽しめる場となっており、日常の業務だけでなく、非日常のアートイベントの開催

写真2-1 公式サイトより インテリア

を通して，周囲の人々へ居場所を提供している。

　出身をきくと、和歌山県橋本市にある「きのくに子どもの村学園」という
フリースクールであった。この学校のことを公式サイトより紹介しよう。そ
れは金野さんの秘密がここにありそうな気がするからである。

　宿題もテストもない、1学年15名の小さな自由な学校で、かつクラスは全
て異年齢集団である。子どもたちは毎年、自分自身でクラスを選ぶが、その
名称をみると、「工務店」「ファーム」「おもしろ料理店」「劇団きのくに」「ク
ラフト館」など、夢のある楽しいクラス名である。

　金野さんはこの高校を卒業後、イギリスの福祉活動をサポートする制度を
利用して、イギリスの福祉に1年半ほど携わり、ヘルパーやソーシャルワー
クのことを学ぶ。その後、日本に帰国し大学に通いながら福祉の活動をする
なかで、さをり織りと出合い、現在の仕事に至っている。つまり福祉とアー
トを結びつけるという社会的なミッションを持つことになったのである。

　さをり織りは、2018年1月に104歳で亡くなられた城みさをさんが57歳
の時に、「自分の感性を自由に織りにしたら面白いのではないか……差異を
織る：さをり織り」ということから始めた織物である。元宮城県知事の浅野

史郎さんや岡本太郎さんなど多くの人たちが、障がいの方の感性を引き出すのに素晴らしい方法だと評価したことをきっかけに、福祉分野に広がり、今では全国の福祉施設から中国や香港、東南アジア、アメリカやヨーロッ

写真2-2 バリアフリー

パにまで知られるようになった。

　外国人観光客が増え、さをりを体験した人々から口コミやSNSで長屋のことが伝わり、アメリカやフランス、香港、韓国など色々な国の人々が訪ねてくるようになった。ある事業、活動が発展すると、国際的になるという現象は普遍的なのである。

　そんな「さをり」が2011年に豊崎長屋と出合い、SAORI豊崎長屋が誕生した。

　長屋の空間的な魅力は「広すぎず狭すぎない」ところだという。長屋を利用するにあたっては、広くはないので階段下を事務作業の場所にしたり、押し入れの中に棚を増設して物置にしたり工夫をしている。

　肩がぶつかるくらいのスペースなので「すいません」という言葉が自然に出る。また織りの最中に「これはいいね」「あれはいいね」と話も膨らむ。

　木のぬくもりのあるインテリア、棚に並ぶさをりのカラフルな織り糸、広すぎず狭すぎない部屋で暖かい会話がはずむ教室。美しく改修された長屋がそんな舞台となっている。

　さをり織り工房は全国に沢山あるが、SAORI豊崎長屋でモデルケースがひとつ出来たことから、全国でも長屋や空き家を利用した施設が今後増えていくであろう。

　福祉施設にピッタリの、人にやさしい大阪長屋の事例である。

2-2 まちにひらく"むすびの市" —— 桃ヶ池4軒長屋・伴さん

　阿倍野区のJR阪和線南田辺駅から歩いてほんの5分のところ、桃ヶ池町の表通りに面して、前土間＋中庭、通り庭型の綺麗な長屋が4戸並んでいる。竣工は昭和4年なので、ちょうど大大阪時代の典型的な大阪型近代長屋である。阿倍野区はこの時代に区画整理が行われ、ホワイトカラー層向けの比較的規模の大きな長屋が大量に建設された郊外住宅地なのであった。

写真2-3 秋むすびのフライヤー

写真2-4 むすびの市の様子

　2011年から翌年にかけて、当時年齢が30代後半と近い人々が、この長屋に魅力を感じ入居し店舗を構えるようになった。斡旋したのは後に紹介する阿倍野の不動産屋小山さん。これはセンスのよい長屋の大家さんと、センスのよい入居希望者をつなぐという、センスのよい仕事であった。

　4軒とも、入居時には外観と住戸内を改修し、古い伝統的な木造家屋の風合いを残しつつ、お洒落なインテリアの店舗となっている。

　西端の1住戸には建築設計「連・建築舎」の事務所と、野菜料理とおばんざいのお店「はこべら」「かすてら工房」が入っており、隣には洋裁店「coromo」、続いてCafé & Bar「りんどうの花」、さらに器と暮らしの雑貨「カタルテ」の4店舗が軒を連ねている。

　西端住戸の1階の前土間と上がったフローリング・スペースは「はこべら」だがここでは設計の打ち合わ

せやカステラ販売も行われている。その奥に厨房とかすてら工房があり、中庭を挟んで一番奥に設計事務所がある。2階が生活の場となっている（現在は多少の変更がある）。

「coromo」、「カタルテ」では前土間から抜ける通り土間には商品、「りんどうの花」は前土間には店長のお姉さんの商品である着物が展示され、その奥にCafé & Barがある。

広い前土間があるのは前の道が、昔、人通りが多く、これらの長屋で商売をしていたことによるが、これにより職（商）住一体型の暮らしを実現することができている。

道路、ガラス戸、土間、部屋、中庭、離れと連続していることによって、光と風と視線もつながっていることが、桃ヶ池長屋の住戸の特徴である。そして個々の住戸がつながる長屋となり、人々も容易につながっている。空間も人もつながるのが長屋の特徴である。

2012年の秋には、この4店舗が何か面白いことをやろうと考え「秋むすび」という市を開催した。これが好評だったため、その後年2回の「むすびの市」として継続している。4軒の知り合いの知り合いが「むすび」ついた結果、こだわりの小商いが二十数店舗集い、ここに店を出した。いわばこだわりの支え合いマーケットである。客も数百人が訪れ、溢れた客と通過する車の交通を整理するスタッフが必要なほど盛況である。道沿いの、デイサービスを併設したカフェ「よってこサロン」、さらに道を挟んで斜め前に並ぶ喫茶＆スイーツ「月ノ輪」、富士農造園が、この市に加わり、4軒長屋のイベントが今では賑やかなまちのイベントへと広がっている。

では、連・建築舎を営んでいる伴さんは、桃ヶ池長屋にどのような経緯で入居し、どんな暮らしをしているのだろう。

父親の伴年晶氏は「コーポラティブ住宅」を数多く手がけてきた建築設計事務所（株）VANSを長年主宰してきた方だ。ちなみにコーポラティブ住宅とは「自ら居住するための住宅を建設しようとする者が、組合を結成し、共同して、事業計画を定め、土地の取得、建物の設計、工事の発注、その他の業務を行い、住宅を取得し管理をしていく方式」とされている（昭和53年3月、旧建設省住宅局）。伴さんの自宅、つまり伴さんの実家も3丁目コーポというコーポラティブ住宅であった。ちなみに、筆者自身も伴年晶氏のコーディ

ネートによる、2000 年竣工のコーポラティブ住宅「つなね」の居住者である。

　そして、息子である伴さんも建築設計の仕事の中で、何件かコーポラティブ住宅を手がけてきた。すなわち、人々が手を「むすび」集合住宅をつくりあげる、その後支えあって楽しく暮らしていく……我が国のコーポラティブ住宅に見られる、このような特徴的な暮らし方、生き方を、現在は舞台を大阪長屋に移して、伴さんご自身が繰り広げていることになる。「むすび」という言葉がここでのキーワードであることがわかる。

　当初、谷六周辺の都心で、働き、住んでいたが、出産を機に、子育てをしながら、夫婦がそれぞれ働けるような大きな物件を探していたところ、前述の小山さんの紹介でこの長屋と出合い、入居を決めた。

　最初から長屋に住みたいと考えていたわけではなく、いろいろ探していたら質のいい大きな長屋が阿倍野に多くあることを知り、そのなかからここ桃ヶ池長屋にたどり着いて入居した。前述したように、伴さんは建築設計事務所、奥様は野菜レストランを、さらに伴さんのお母様がかすてら工房を営んでいる。

　ちなみに、2 軒隣の Café & Bar りんどうの花も家族でスペースをシェアしている。日常的には住戸内で家族がシェアし、年 2 回の市の日には、「むすび」ついたこだわりのネットワークで長屋の空間をシェアし、支え合っている。

　つまり、桃ヶ池長屋では「むすび：つながり」に加えて、「シェア」がもうひとつのキーワードであり、最先端の暮らし方、働き方を、伝統的な家屋で実現している。シェアという言葉は、長屋と親和性が高い。

　「むすびの市」は、暮らしと仕事という日常生活の延長線上であり、頑張るイベントというよりは、「ソフトボール大会やボーリング大会」をやるような気楽な気持ちで取り組んでいる……実に自然体である。

　今の世の中では経済原理が第一とされるが、むすびの市はそれとは異なる原理をしっかり持っている。それは、「お金儲けのためではなく」、むしろ「楽しいことのほうが大事」という原理である。楽しいことによって、そこから出店者同士がつながり、そしてさらにその先の知り合いにつながり、広がっていく。楽しさは人と人をつなぐ触媒の役割を果たすものなのである。

　建物の前面に残っている土間空間のよさは、土足のままイベントができたり、たまにはシートを敷いて寝転がったり、生協の配達、受取場所になった

り、人が集まりやすい空間であること。また、外側の道路と、内側である建物との境界に柔らかい緩衝空間をもたらす。

そこから、内側の暮らしが勝手に外側にあふれ、4軒長屋に留まらず、まちに開き、まちなかで暮らしているような心地よさをもたらしている。

これまで述べてきたように、家族で、職、住、遊、全てをまるごとやることによって、支え合いがつながりを呼び、いろいろな関係が爆発的に増え、広がっている。

その結果、長屋に関わるご自身の仕事も増えているが、その背景にはこのまちには比較的規模の大きな優良な長屋が残っており、これが、住みながら小さなビジネス（スモールビジネス）をするというライフスタイルの人々の要望に応えやすい建物であるということがある。このような人々が近年増えている。

要望に応えやすい建物ということを、長屋の建築としての特徴という言葉で言い換えると、骨組みと内装、さらに換言するとスケルトンとインフィルが分けやすく、時代の変化に応じて、改修工事をすることが容易である、いわば変化に柔軟に対応できる……柔らかいしなやかな建物となる。

こうした建物を求める人々は、例えば、これまで都心で飲食店をやっていたが、環状線から少し離れた阿倍野という場所に戻ってきて開業しようと考えた人々であり、彼らがつながることによって「まちが楽しく」なっていると実感されている。

長屋での暮らしのよさをまとめると、第一にヒューマンスケールな暮らしであり、第二にこの街にいるという実感があること。それは土間があり、道路がすぐつながっているという距離感や、すぐお隣の顔や周りの様子が見えるよさである。

第三に、ここで実現できた家族のあり方は、各々が仕事を持ち、それが豊かな暮らしにつながると実感しているということである。

つまり働く、食べる、住む、遊ぶ、飲む、学ぶの境界はあいまいで全部がつながり、魅力的で豊かな暮らしが実現できているといえる。

むすび、つながり、シェアが大阪長屋のキーワード。そこで生まれる楽しさは人と人をつなぐ触媒となる。

3章　まちを豊かに

3-1 長屋のまちのまち歩き ── 野田まち物語・鈴木さん

　本節は、ある日開催された福島区野田のまち歩きの記録である。

　2時JR野田駅に集合し、地元の鈴木さんから野田のまちの説明を受け、「ななとこあるきMAP」をいただき、出発。「ななとこ」とは野田にある10のお地蔵さんのうち7つ回ると願いがかなうという意味である。

　「ななとこ饅頭」をお土産にいただき、デイサービスとサロンの「ななとこ庵」を見学させていただいたりした。つまり、このまちでは「ななとこ」がキーワードである。キーワードを持っているまちはわかりやすい。これはまちづくりのひとつのポイントであろうか。

　以下に感想。このまちには綺麗な長屋が軒を連ねて残っている。戦災を免れたおかげで、明治、大正、昭和一桁、昭和十年代、それぞれの時代の長屋が残っており、外観の意匠、部材、材料など長屋の建築的な特徴、のみならず時代ごとの敷地高さの違いまで、ここではわかる。

　大阪の戦前長屋のアーカイブのようなまちである。

写真3-1 まちづくり人とまち歩き

　また石畳などの路地も残っており、冬であるにもかかわらず緑が一杯であった。

　春から秋にかけていろいろな花が咲くであろう。多分梅雨時などは紫陽花が咲くのではないか。季節ごとにまちの魅力は変わる。

私は仕事柄、よくまち歩きをするが、今回のまち歩きが特に興味深かったのはガイドして下さった鈴木さんが、行く先々でまちの人から挨拶されたり、ちょっとした相談をされたり、すっかり町に溶け込んでおられたことだった。

写真3-2 ななとこ庵とななとこまいり
（野田まち物語公式サイトより）

　まち歩きをする時、そのまちの「まちづくり人」と歩くと、こういうことはよくある。まちの中でいろいろなことが動いており、いろいろな人と一緒に取り組んでいるので、通りすがりの人とすぐに「あの件は今どうなっている？」といった打ち合わせが始まったりする。まちづくりが現在進行形であることがよくわかる。

　鈴木さんのおかげで、普段は入れないお屋敷の庭を見せていただいたり、昔懐かしい駄菓子屋さんで大人買いしたり、最後の二次会では店長が面白い居酒屋に連れて行ってもらった。人が一番なのだ。

　鈴木さんのお人柄はもちろんだが、やっておられる野田まち物語というまちづくりグループが地元にすっかり根付いて活躍している。先に述べた綺麗なMAP、ななとこ饅頭、ななとこ庵という組み立てができている。

　鉋屋さん、昔ながらの薬局、駄菓子屋といったなんだか懐かしい店が今も生きている。これは中崎町や空堀などとも共通している。その一方でななとこ饅頭は、地元密着型のチャレンジングな和菓子屋さん浪花屋菓子舗が開発したお菓子であり、新旧それぞれの存在感がある。ちなみに、ここの店主・田中さんは、野田まち物語の会長でもある。

　「地域交流サロンを併設した認知症対応型の通所介護施設……ななとこ庵」は、いわゆる「まちの縁側」あるいは「居場所」とでもいえる、こうしたサロンが今求められていて、全国各地につくられつつある。世界的な傾向でもある。

　古い町家や長屋を使うと、なぜかとても癒される空間になり、認知症などにもよいといわれている。町家や長屋の利活用のひとつのあり方を示唆して

写真 3-3 石畳の路地

いる。

　そんな昭和レトロな路地のまちで、町家、長屋も一杯あるが、放っておくと潰されるの時間の問題という。実にもったいない話で、鈴木さんたちはとても危機感を持っている。

　それにしても、とても充実したまち歩きだった。普通は、まち歩きは4、5月、10、11月の季節のよい時にやるものだが、寒さをものともせずに、歩いた。時間に追われて急いで歩いたので、体が温まりよかったのかも知れない。

　ここでは「ななとこ」がキーワード。キーワードを持っているまちはわかりやすく、まちづくりが進むといえる。

3-2 昭和の日のイベント　　―― 阿倍野区昭和町・寺西さん

　全国ではじめて長屋が登録有形文化財になったということで有名な昭和町寺西長屋を中心に、毎年4月29日昭和の日に、どっぷり昭和町というイベントが開催され、2022年で15回目を数えた。ここの特徴は、長屋所有者である寺西興一さんが自らプロデューサーとなり4軒長屋を再生し、テナントにちょっと高級なレストランを入れ、ここからイベントを始め、その後さらに大規模な地域の祭り（まちの大きな文化祭）へと展開してきたことにある。来場

者が1万人以上になり、長屋を改修したお洒落な店舗で食事をしたり、買い物をしたりする。寺西家の本宅では落語の寄席も開催されている。

　当初「長屋」がメインテーマだったのが、テーマと出演者、エリアが多様に広がっている。その結果来場者も老若男女に広がり、人数も大幅に増える。まちづくりイベントが発展すると、このような多面的な広がりを持つということがひとつの法則である。

　ある年はテーマを掲げるエリアが以下の7つあった。

1．がっつりてんこ盛り桃ヶ池エリア
2．やっぱり長屋＆レトロ満喫エリア
3．まったりおもろい商店街エリア
4．にっこり昭和な遊びエリア
5．しっとり大人の文化エリア
6．ゆったり過ごす出会いのエリア
7．ほっこりアートなお散歩エリア

　桃ヶ池エリアの公園の一角で開催された「バイローカル」という、こだわりマーケット。これは単なるフリマ、市ではなく、こだわりの人たちがやっているこだわり店舗から、これはという商品を出店しているという点、またその人たちがゆる〜く、上手につながっているという点、ここにいると筆者自身、懐かしい後輩や知り合いとすれ違い、再会し、人のつながりも広がっていくということなど……なんともいえず居心地のよい市だった。

　これはBe-Localパートナーズという5人の専門家集団……メンバーは、コーポラティブ住宅の経験が深い建築士、長屋やまちの再生の経験を積んでいる建築士、住宅計画をやってきたまちづくりコンサルタント、地域商業再生の専門家、地域密着型不動産屋……が、BuyLocalという名称で開催している。この5人が、これはと思う店舗を推薦し、声を掛ける。新しいセンスのよい店も多いが、長くこの地域で商いをしている和菓子屋、漬物屋、魚屋などの老舗で、今後も残って欲しい店にも出店してもらっている。

　客との会話が始まり、商品を選ぶことができる、そこに価値があると考えている。住民と良質な商いを実践するお店の、いわば「縁結び」をするイベント（といわずムーブメントと不動産屋の小山さんはいう）BuyLocal ……なるほど。

写真3-4 寺西長屋のやっぱり長屋&レトロ満喫エリア

それであったかい雰囲気の、マーケット広場だったんだと納得するのである。

　実は、「コーポラティブ住宅の経験が深い建築士」とは、1章で紹介した桃ヶ池長屋の伴さんである。つまり、どっぷり昭和町～バイローカル～むすびの市となり、まちづくりイベントおよびそれを支える長屋人ネットワークは、リンクし、重なっていることがわかる。

　団体やネットワークが、重層的に重なったり、幾つもの接点を持ったりする現象も、まちづくりの盛り上がっているところに共通している法則である。

　公園で開催する、その当日はアンテナショップのようにその店を売り込み、マップを渡し、後日の来店を期待する、また店同士が挨拶を交わし交流する。お客に別の店も紹介する。笑顔がこぼれるマーケットなのだ。

　こだわりのあるお店同士がネットワークをつくって支え合う、お客もこだわりを持っている人が多い。こだわり支え合いネットワークでもある。

　他の章でも述べているが、支え合いマーケットが近年増えている。長屋や町家などをきれいに改修し、そこを舞台に気の合う店が集まる。小商いを支え合う……こんなまちづくりが増えている。

写真3-5 がっつりてんこ盛り桃ヶ池エリア

3-3 まちの再生につなげる ── 空堀倶楽部・六波羅さん

　まちづくりのきっかけづくりは一人の建築家。行政の本格的なバックアップと、そして地元の市民が立ち上がると、本物のまちづくりとなる。

　中央区空堀でも長屋再生の動きが活発である。建築家の六波羅雅一氏がプロデューサーとなり長屋、お屋敷など複数の建物を改修し、サブリース方式でテナントを誘致し複合施設として展開している。

　2002年にオープンした惣は、古い2軒長屋が、壊されて駐車場になるところだったのを、可愛い雑貨屋、レストラン等5店舗とし、さらに2006年には南隣の1軒の4店舗を加え、開店した長屋再生複合ショップである。ちなみに豊臣大坂城の「南惣構堀：惣堀」が「空堀」の名の由来といわれている。さらに惣とは江戸時代の大坂「町衆」の自治組織のことである。

　練は惣の翌年2003年にオープンしたお屋敷再生複合ショップであり、主屋と蔵と表門、それらに囲まれた路地から構成され、古い歴史を感じさせてくれる佇まいとなっている。2012年には主屋と蔵と表門が国の登録有形文化財

写真3-6 複合商業施設　惣

写真3-7 練

になっているが、特に主屋は旧有栖川宮別邸というう説があるほどの格調高さである。

萌は複合文化施設というう性格の建物であり、この近所に直木三十五の生家があったということから、雑貨屋等に交じって2階の一室が、直木三十五記念館となっている。狭くてちょっと悲しい……私だけであろうか。

惣、練、萌。逆に読むと「ホウレンソウ」。遊び心が微笑ましい。

空堀ではこの先行事例を追っていくつかの長屋改修店舗が開店している。長屋改修と併行して専門家集団・空堀倶楽部が企画した「からほりまちアート」が2010年10月まで10回を数えた。空堀商店街一帯の、長屋や路地を舞台に毎回数十人のアーティストの展示が行われ、1万人を超える来場者を集めていた。

専門家がプロデュースし、多くの若者、アーティストを巻き込みながら、長屋再生から商店街の活性化へとつながるまちおこしイベントを大規模に展開したまちづくりである。からほりまちアート自体は10年を節目に一旦終了

したが、その後新たな動
きも始まっている。

　路地裏の蔵を再生し、
「ことはたの庭広場」が開
設された。ここでは改修
時に水琴窟を設置しており、
イベントが行われたりし
ている。

　また空堀のまちを歩く
と、いたるところで「か
らほり推奨建物」という
プレートが貼られた建
物を見かける。そしてそ
の文字の下には空堀まち
なみ井戸端会という名称
が書かれている。この団
体は、正式には空堀地区
HOPE ゾーン協議会とい
い、大阪市の施策である
HOPE ゾーン計画として、
2004 年8月に活動をスター
トしている。

　「大阪市や専門家と協力
して、空堀界隈の特色を
活かしたまちづくりを考
える地元組織です。まち
づくりに関するいろんな

写真3-8 萌

写真3-9「ことはたの庭広場」でのイベント

勉強会や見学会などのイベントを行ないます。」（同会公式サイトより）

　一人の建築家がきっかけをつくったまちづくりが根付き、今や行政の本格
的なバックアップも得て、地元の市民が立ち上がると、本物のまちづくりと
なる。

3-4 アーティストによる再生「アマント」—— 北区中崎町・JUN さん

　商業店舗中心の長屋再生の例としては北区中崎町も紹介しておきたい。大阪駅から徒歩10分という立地でありながら、昭和レトロなまちなみが残っている中崎町には、長屋を改修したお洒落な、可愛い店舗が数十あり、平日の昼間でも若者が地図や雑誌を片手にまちを歩いている。ここの起爆剤となったのは2001年に築120年の長屋が、空き家再生パフォーマンスによってコミュニティカフェ「サロン・ド・アマント（天人）」として再生されたことによる。

　その店長でリーダーは、JUN さんというダンサーである。日本の古武道を取り入れたダンスで、世界各地を飛び回っている。

　天人の店もそこに集う人も実に個性的である。まずメニューがなく、カウンターの横の掲示板に一見不思議な食べ物と飲み物の名前が書いてある。客はそれを見て、これはなんですかと、カウンターの中のスタッフに尋ねる。そこから会話が始まるというのである。うまい仕掛けである。

　ある時、私は一人だったので、カウンターに座って2時間ほどゆっくりし

写真3-10 天人 Salon de Amanto

たことがある。すると次々と面
白い人が入れ替わり立ち替わり
現れ、驚かされた。世界100ヶ
国以上廻っている画家の老婦人、
ダンス仲間の若い女性、天人で
働くことによって引きこもりが
治った人など。

写真3-11 JUNさん

　まちづくり団体があるわけで
はない。昭和町や空堀のように
年に1度の大規模なイベントがあるわけでもない。いわば長屋改修型店舗が
路地の奥に散在する長屋街で、多くの魅力的な人々が日常的に活動しながら、
仕事を成り立たせているまちなのである。

　天人の公式サイトを見ると、天人グループとして中崎町を中心として20以
上のプロジェクトに広がり、劇場、映画館、Café、BAR、本屋、ゲストハウ
ス、ラジオ局といった多彩な拠点を、数十名のアーティストがファシリテー
ター、店舗マスターとして運営している。アーティストの生活と芸術活動を
支え合う、いわばビジネスモデルをつくり、広げているところが素晴らしい
が、それが中崎町のまちの活性化につながり、それにとどまらず国際協力、
被災地支援、防災防犯への取り組みへと、テーマを広げていることを強調し
ておきたい。

　ソーシャル・デザインという言葉がある。社会問題をデザインの力で美し
く解決するという意味である。アートの力で社会問題を解決する……いわば
ソーシャル・アートと名付けたいところである。

　公式サイトでは、一時、アマント・天人の意味を解説していた。

　「中国など漢字圏の人にとって、アマントは天の人の意味ですし、英語圏の
人々にとってはA Man To～と読んでCelestial beingとなります。エスペラ
ント語でamantoは『愛される人に』、日本語では天下人の意味も隠されてい
ます。皆がそれぞれの道で天下人になる時代という意味です。しかし、僕ら
にとって『天人』はJust AManTo。ひとつの生き方、ライフスタイルだと
思っています」

　いわばアマント文化という世界をつくりあげ、広げていこうとしているのだ。

■

　実に個性的で魅力的な暮らし、商いを実践している長屋人たち。これまで見てきた長屋を実際に見学し、長屋人たちのお話を伺うと、その豊かな人生に驚かされる。つまり長屋を改修することによって、空間の質が高まるだけでなく、暮らしそして人生がこんなにも楽しく豊かになっていくのだという実感がわく……これを立地や間取り、価格といった単なる不動産情報ではなく、人びとの心を動かす生き生きとした長屋情報（または創造的不動産情報）と呼ぶことにする。

　長屋人とはこの「生き生き長屋情報」を、人びとに伝え広げていく能力を持ち、そうした役割を担っている人びとなのである。

2部

空間的・経済的可能性

—— 人と地域の潜在力を引き出す

撮影：多田ユウコ

4章 長屋と路地のまち

4-1 大阪型近代長屋

都会のオアシス「豊崎長屋の路地空間」

　豊崎長屋、正確にいうと路地（ろーじ）に一歩足を踏み入れた瞬間のことを本書の冒頭で書いた。（写真 1-1）。

　なぜこのような空間が残っているのか、これを大切に残し未来に活かしていく方法は何かと考えたが、同時にこのような魅力的な長屋路地空間は大阪にはもっと他にあるのではないかと思い、調査することにした。長屋が複数棟連なったり向かい合っていて路地と一体になっているということで、長屋街、長屋地区……結局、長屋スポットと名付けた。

長屋スポットの不思議な魅力

　その後 3 年かかって北、阿倍野、福島、生野の 4 区で計 532 ヶ所の長屋スポットを「発見」したのだが、結果的には地道の路地を囲んだ豊崎長屋と全く同じレベルの長屋スポットは見つからなかった。しかし、路地が舗装されていたり石畳だったり、様子はやや異なるが不思議な魅力を持つスポットはけっこう存在することがわかった。

　例えば、阿倍野区には門扉、塀、前庭，後庭を持った規模の大きなお屋敷風の長屋が数多く残っており、スポットとまではいかなくともそれ自身立派な資源である。同時に建物自体は小さく、それほど立派でなくても路地に豊かな樹木、植栽に満ち、緑のまちなみ景観を形成しているスポットも少なからずある。梅雨時には紫陽花が満開で美しい。

　またスポットの入り口は極端に狭いが、中の路地は広がっており、そこに植栽のプランターが並んでいるスポットがあった。そのひとつには野菜まで植えられていた。収穫されると、きっとご近所にお裾分けがされるのだろう

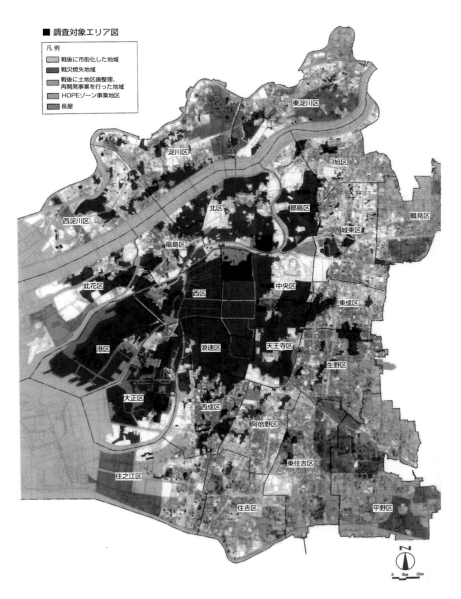

■ 調査対象エリア図

凡 例
戦後に市街化した地域
戦災焼失地域
戦後に土地区画整理、
再開発事業を行った地域
HOPEゾーン事業地区
長屋

東淀川区
淀川区
旭区
鶴見区
西淀川区
北区
都島区
城東区
福島区
中央区
此花区
西区
東成区
港区
浪速区
天王寺区
生野区
大正区
西成区
阿倍野区
東住吉区
住之江区
平野区
住吉区

N
0 5km 10km

図4-1 現存する長屋の分布（大阪市都市整備局「長屋建て住宅現況調査報告書」 H22.3）

などと想像できる。樹木に傘を掛けて干しているスポットもあった。他人に盗まれるという心配は全く感じないのであろう。

　空間としての特徴は、閉鎖的であり車はもちろん侵入できない。歩行者であっても部外者が勝手に通り抜けることは一瞬はばかられる、入っていくと声をかけられそうな空間……いわば共有領域がそこに形成されている。

コミュニティの発露としての長屋路地空間

　京町家や農家など古民家の価値が見直されつつあるが、総じて伝統的な建物としての外部意匠が、出来上がった当初の状態をいかに残しているか、それが軒を連ねているかという点に重きが置かれすぎているきらいがある。

　長屋の建物そのものが綺麗に保たれている、それが揃っていることには、住まい手たちや所有者の建物を大切にする意識、行為が感じられる。さらに路地の樹木やプランターの花には日常的な維持管理の積み重ね、しかも協働し連帯した努力の跡が見受けられる。いわばコミュニティの発露としての長屋路地空間である。

　以下に、「発見した」長屋スポットの数、分布、代表的な長屋路地景観の写真を紹介する。コミュニティ空間としての長屋スポットの魅力を本章で感じ取っていただければ幸いである。

4-2 まちに広がる長屋スポット

大阪長屋の残存状況

　大阪長屋は現在どのように残っているか。大阪市都市整備局によれば2008年時点で、大阪市内の長屋総数は約7万戸、そのうち1950年以前に建設された長屋は1万6,600戸であり、その分布を示したものが図4-1である。これによると赤い点が長屋であり、戦災から焼け残った環状線の外側にU字型に残存していることがわかる。

　筆者の研究室では、長屋複数棟が路地と一体になって残っているスポット単位に注目していたことから、北区、阿倍野区、福島区、生野区において、長屋の実態把握に基づき長屋スポットを「発見」する調査を実施した。図4-2が長屋スポットの分布地図であり、図4-3が長屋スポットの数を示している。

長屋スポットの残存状況（北区、阿倍野区、福島区、生野区）

　北区では区の北東部、大阪駅から1kmから2kmの戦災を免れた中崎町、豊崎周辺にややまとまっている。スポット数は39ヶ所と多くはない。

　福島区では、区のやや内側、大阪駅からは西側1kmから3kmの間に分布している。スポット数は89ヶ所と多い。

　阿倍野区には、福島区と並ぶ91ヶ所のスポットがある。区の南半分、大阪阿倍野橋駅から南側1kmから3kmの間に分布している。

　生野区はスポット数313ヶ所と4区では飛び抜けて多い。分布は、所々空白地域はあるものの、ほぼまんべんなく残存している。他の3区と異なりターミナル駅からの距離の影響が見られない。これは鶴橋駅を頂点として開発圧力が駅から同心円状に分布しているのではなく、生野区側の開発圧力が一様に低いのではないかと推察される。

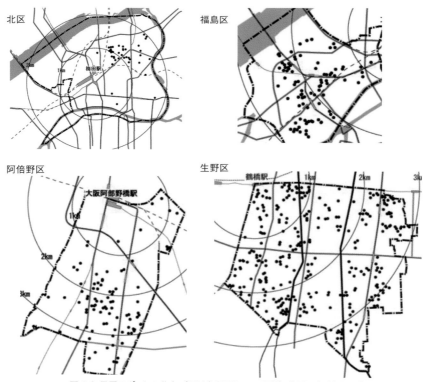

図4-2 長屋スポットの分布（円は主要駅からの距離）作図：松村明日香

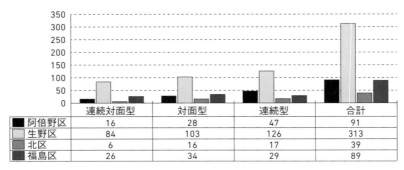

	連続対面型	対面型	連続型	合計
■ 阿倍野区	16	28	47	91
□ 生野区	84	103	126	313
■ 北区	6	16	17	39
■ 福島区	26	34	29	89

図4-3 長屋スポットの数（件数）作図：松村明日香

　4区を並べて見ると共通していることがある。それは長屋スポットが複数箇所つながり、連担し、いわば長屋ゾーンを形成している地区が見られることである。長屋を行政施策の対象として取り上げる場合、ターゲットとして優先的に取り上げるならば政策効果が大きいと期待される。

代表的な長屋スポット

　長屋スポットの典型事例を写真（はじめに・再掲）、写真4-1 から写真4-7 までに示す。その雰囲気を感じ取っていただきたい。

写真（はじめに・再掲）本書で中心的に取り上げている北区豊崎長屋
長屋は連続対面し、緑豊かな土の路地（ろーじ）を囲んでいる

写真4-1 昭和1桁代の箱軒
が連なる北区中崎町の長屋

写真4-2 典型的なお屋敷風
の阿倍野区阪南町の長屋

写真4-3 植栽が豊かな阿倍
野区阪南町の長屋

写真4-4 2階建できっちり
対面している福島区海老江
1丁目の長屋

写真4-5 濡れた石畳が美しい福島区海老江7丁目の長屋

写真4-6 連続して対面している福島区野田5丁目の長屋

写真4-7 連続して対面している生野区中川西の長屋

4-3 長屋と路地……暮らしの魅力

所有者、居住者の思い

　ここまで長屋建物と路地の物理的な実態を把握することによって、スポットの分布、その特徴を見てきた。その結果、目視によっても長屋スポットにおける長屋所有者や居住者の維持管理行為が高い水準であるということが確認できたが、2008年、彼らの長屋に対する意識、評価、今後の意向はどうなっているのかということを直接聞くアンケート調査を実施した。

　調査対象は北区・阿倍野区・福島区の連続対面型長屋の狭幅員タイプの34件の長屋スポットの所有者および644戸の長屋居住者であり、その調査結果概要を表4-1に記す。空家については、アンケート配布時に外観、表札、電気・ガスメーターなどを目視し、併せて隣接する居住者へのヒアリングによって確認した。その結果対象長屋住戸644戸のうち空家が実に197戸と30％を超え極めて高く、このことは長屋の借家経営が非常に困難であることを物語っている。

　そして実は、空家にならなければ大規模な耐震補強・改修工事ができない……いわば空家がチャンスなのだが、一方で、すべて空家になるのをじっと待って処分しようかと思案中の所有者もいる。換言すると手をこまねいている所有者が多い。空家問題は一筋縄ではいかない課題をはらんでいる。

表4-1 居住者調査の概要（戸数）

回答数92

対象数	空家	不在	拒否	配布数
644	197	282	68	97

居住者の意識……住み続けたいが不安もある

　居住者は70代45％、60代30％と高齢化しており、40年以上の居住歴が65％を占めている。高齢者が長期にわたって住み続け、さらに今後も9割の人が居住継続を望んでいる。それは「長屋に対する愛着」「近所付き合い」といった地域で長年育んできた要素と、「景観・雰囲気」「日当り、風通し」といった居住環境の2面がある。所有形態は、8割が借地借家であり、家賃、地代の安さも、現実的な魅力となっていることが想像できる。

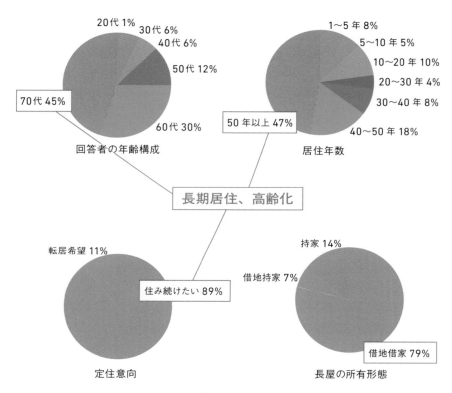

図4-4 居住者の属性と定住意向　作図：木谷吉輝

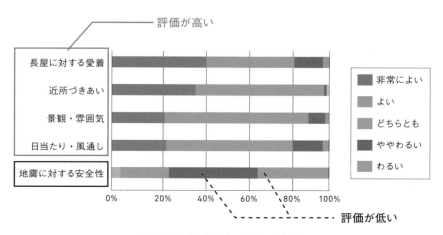

図4-5 居住者の満足度　作図：木谷吉輝

長屋住まいの評価は高い一方で、建物そのものの防災面、特に地震に対する不安を抱えている。それにもかかわらず、耐震改修には消極的な層が過半を超えており、その理由として家賃値上げや引っ越し、引っ越し先での生活等の負担に対する不安があがっている。これらの事実は、現に居住している長屋住戸の耐震改修の困難さを物語っている。豊崎長屋における耐震改修事例、居住継続を可能にした工事の工夫や家賃設定の経験を整理し、情報提供する意義は極めて高いといえる。

4-4 長屋スポットの定点観察

変化をみて今後を予測する

　この研究を始めてまもなくの2008年6月、ちょうど梅雨時に、長屋調査をしていた大学院生の案内で阿倍野区を回り、いくつかの長屋スポットの写真を撮って廻った。4年後にもほぼ同じルートで廻り写真を撮ったところ、撮影ポイントが重なり、偶然にも定点観察のようになった。その5年後、つまり2017年6月に3回目の写真撮影を行った。

　長屋スポットがどうなってきたのかを見て、今後どうなっていくのかということを予測するために、3枚の写真を並べる。各写真の左上が2008年6月、左下が2012年6月、右下が2017年6月で、ちょうど4年と5年を隔てほぼ同じアングルから撮影したものである。右上は2008年時点での配置図。

　写真4-8：3戸1長屋が2棟並びその奥にも6棟18戸が連なる大規模なスポットであった。元々表通りは通過交通が大量に行き交う道路（庚申街道）であり、奥の狭幅員道路も通り抜けが頻繁にあり、いわば開放的なスポットである。2008年の写真を見るとプランター等の植栽が道路の両側に置かれており、元気に生きている長屋であったことがわかる。

　2012年6月の調査日には、まさにその時ちょうど長屋の解体工事が進行中であった。道路からのアクセスのよさと規模の大きさから、マンションやオフィスビルへの建て替えに格好の物件となったのではないかと考えられた。こうした経済行為自体その是非を論ずるということではないが、経済条件が揃えばあっという間に長屋の除却、空間の変容が起こり得ることを示している。むしろ、この時点までよくきれいな長屋スポットとして残っていたなあ、

長屋スポットの定点観察 2008年〜 2012年〜 2017年（配置図：植高司作成）

写真4-8 阿倍野区阪南町1丁目

写真4-9 阿倍野区阪南町1丁目　　　　　　写真4-10 阿倍野区阪南町1丁目

写真4-11 阿倍野区松虫通2丁目　　　　　　写真4-12 阿倍野区松虫通2丁目

それはなぜなんだろうという不思議さを感じざるを得ない。

　2012年の調査日の後、その敷地を見たが、街道に面した部分は駐車場となり、奥に比較的規模の小さいスーパーの店舗が位置していた。今回は、規模を拡大させた店舗が前面に現れている。この立地では、徒歩による来店者が多いのであろう。

写真 4-9：奥まった一角にある 4 戸 1 長屋 2 棟の連続型のスポットである。9 年前とほぼ変わらず美しい外観意匠を見せている。1 尺 5 寸の敷地境界線からの後退と門塀、前庭を持つ典型的なお屋敷風の大阪型近代長屋である。ただし一番奥の 1 戸が内装と外壁の改修工事を実施し、当初の外観意匠を大きく変更している。色合いやデザインは和風のモダンとし、他の住戸との調和を図っているように見える。外壁をセットバックした部分に植木鉢を置いている。

　2、3 軒が当初から空家のように見えるが、朽ちている様子ではない。この長屋に住んで商売をしている大家さんの、残していこうという意思と、維持管理の努力が表に現れている事例である。

写真 4-10：狭幅員だが一直線に伸びた路地に連続して対面する長屋スポットである。樹木、プランター、植木鉢が路地を塞ぐように覆っている。特に路地の北側、すなわち日当りのよい長屋南面に緑の帯が伸びている。梅雨のこの時期、紫陽花が美しい。逆に緑が多いため長屋の外観意匠は隠れて見えない部分も多い。最初の 4 年間の変化はほとんど見られないが、その後の 5 年を経た現在は道路の南側のプランターはなくなっている。空家になっているかもしれない。

写真 4-11：松虫通の区画整理未施工地区である。2008 年 6 月には、狭いアクセスの路地を抜けると奥まった敷地に T 字型の路地と、物干し竿が並んだ広場が別世界のように広がり、平屋の長屋 4 棟 16 戸が囲んでいた。路地は 2 m ほど舗装されているが両側に各 2 m ほどの植栽（樹木、プランター、植木鉢）が溢れていた。通り抜けができない完全な行き止まり。非常に閉鎖的だが、その分この住宅地の共用庭という雰囲気となっていた。ただし、この時点で少なくない住戸が空家と見なされた。2012 年 6 月の調査日時点では長屋はすべて姿を消し、まだ建って間もないミニ開発の建売住宅地に変貌を遂げていた。

　その 5 年後も当然のことながら、建売住宅地のままで変化はなかった。

写真 4-12：写真 4-11 と同様の区画整理未施工地区であるが、写真 4-11 が様相が一変していたのに対して、ここは時間が止まったかのように 4 年前とほとんど風景が変化していなかった。路地は直線だが、ここも完全な行き止まりとなっており、うっそうとした樹木、プランター、植木鉢が路地を塞いでいることもあって、部外者は容易に侵入できない独特の雰囲気を持っている。

写真4-13 阿倍野区阪南町2丁目　　　　　　写真4-14 阿倍野区阪南町2丁目

2012年6月撮影

2017年6月撮影

写真4-15 阿倍野区松虫通2丁目　　　　　　写真4-16 阿倍野区阪南町2丁目

写真4-11が周囲の敷地も含めたことによって、結果的に一体的な開発が可能な敷地形状、規模、道路条件を持っていたことに比べると、ここは敷地が南北に細長く、狭いという点で建て替え更新は困難だったのではないかと推察された。梅雨の休みということもあり、雨傘が路地の樹木に吊り下げられ干されていた。路地が部外者の目を気にする必要がない居住者だけの共用庭となっていた。

　9年後の調査日にも、全く変わらない風景に、一種懐かしささえ覚えた。

写真4-13・写真4-14：この二つのスポットはいずれも阪南町2丁目にあり、広幅員道路から奥に入ったところに長屋が連続的に対面している地区である。その特徴は表の道路から奥の路地に入るための入り口が、建物に挟まれ極めて狭いこと、一歩路地に入ると幅員は広がり、樹木、プランター、植木鉢が豊かに育っていることである。

　前出の写真4-11、4-12とは一味違うが、やはり閉鎖的であり、共用庭的である。写真4-13の撮影時2008年には路地北側の植栽が目立ったが、2012年

はプランターが南側に競うように増えており、トウモロコシ、きゅうり、カボチャ、なすび等の野菜を育てていた。ここでも路地空間が居住者による、居住者のための共用庭であり、4年間でその性格が強まっていた。さらにその5年後では、南側のプランター群は何割か増加し、道路を狭めており、共用庭的な性格をよりいっそう強めている。

　一方写真4-14では、4年後の調査時には南側の長屋が消えて、草の生える原っぱになっていた。建築基準法の接道義務を満たしていなかったためであろうか、写真4-11のように建て替えられるのでもなく、空地として放置されていた。そのため2008年には路地に飛び出していた植木が2012年時点でなくなっている。2枚の写真を見比べてみると、わずかに同じベンチが同じ位置に置かれ、背景の景色の違いから時の流れを感じた。

　ところが2017年は、全く様相が一変し、大規模なマンションの建設工事現場となり、工事が活発に進んでいる最中であった。あべの筋に面した建物も除却され、長屋スポットの外側に敷地を拡大することによって、接道義務をクリアし大規模建設が可能となったものと見なせる。

　当初、筆者はスポットというある程度の規模で残っていることを、保全という観点から有利な条件と考えていたが、その周辺の土地と一体化することによって、接道義務などをクリアすれば、一挙に大規模な除却、建て替えに進むということになり、両極端なベクトルとなると考えざるを得ない。

写真4-15：これまでの7ヶ所とは雰囲気が明らかに異なる平屋の連続対面型スポットである。緑がほとんどないこと、これが他のスポットと際立った違いであり，ここから殺伐とした印象を受ける。路地が一直線で見通しがよいことは、写真4-10と同じだが、それだけにこの緑の量の差はどこから来るのだろうか。この5年後も全く同じ印象を受けた。実はこういう殺伐とした雰囲気の長屋スポットが、大阪市内には大量に存在している。

　以上阿倍野区限定ではあるが、9年間で長屋スポットがどのように変化したのかを見てきた。時間が止まっているかのように、9年前からほとんど何の変化も見られないスポットが、8ヶ所のうち5ヶ所、そのうち3ヶ所は緑が豊かでコミュニティによる維持管理行為が高い水準であることがうかがわれる。野菜のプランターなど増えているところもあった。長屋建物を保全していくことに加え、コミュニティによる維持管理行為というソフトに対する

支援も求められるのではないだろうか。

　その一方で、取り壊されたスポットが３ヶ所あり、１ヶ所は 2012 年調査時点で大規模に解体除却工事が行われており、その後店舗建物となっている。１ヶ所はミニ開発建売住宅地へとすっかり変貌し、さらに１ヶ所は半分除却された部分が数年間空地として放置されていたが、９年後には大規模なマンションへの建替工事中であった。経済原理のなす技である。

　接道条件が整っているところでは、敷地がまとまっている分、相続時等に売却、除却、建て替えは確実に進んでいく。逆に所有関係が複雑なところは、一挙に売却されることがないため、案外残るという説もある。

　各々の長屋スポットがどのような経緯で形成され、そしてこの９年間で変化し、あるいは変化しなかったのか。そこには各スポットのそれぞれの物語があるはずであり、それを知ろうとすれば前章までに述べてきた豊崎長屋に匹敵するだけの物語を聞きとるしかないであろう。

5章 大家さんにとっての長屋の可能性

5-1 大家さんはどこにいる

　5-1、5-3 節は杉本さなえ・松村明日香卒業論文「大阪型近代長屋スポットの研究─福島市を中心に」に多くを負っている。記して謝意を表します。

　大家さんに対するアンケートの概要と主な結果を表 5-1、5-2 に示す。

所有形態別のスポットの特徴

　所有形態の結果を区毎に比較してみると福島区・阿倍野区では借家の割合が 8 割以上を占めている。それに対し、北区では持ち家と借家が半々であった（表 5-1）。そして、借家のスポットは比較的棟数が多く外観も揃っている良好なスポットが目立ったが、持ち家のスポットは棟数が少なく外壁が改修された長屋も多かった。長屋を一人で多数所有していることによって、良好なスポットが維持される一方で、条件が整うとあっという間に大規模に除却される可能性もある。

　払い下げられ持ち家となった場合であれば個々に売却され、まとまった土地として開発が行えないため、ばらばらに更新されつつもスポットとしては残っている。

大家さんの特定

　所有形態の調査で住民への聞き込みで大家さんが判明しなかったスポットは、登記事項要約書により大家さんを特定しようと試みたが、なかには何代にもわたり分割相続がされているため大家さんが特定できない家屋や、いくつもの長屋が同じ家屋番号で登記されているため、対象となる長屋が割り出せず、大家さんがわからないスポットもあった。その結果、アンケートの対象とした長屋スポット 47 ヶ所のうち、借家と判明したスポットが 37 ヶ所、

そのなかで大家さんが判明したのは30ヶ所であった。アンケートを配布したのが21ヶ所、最終的にアンケートを回収できたのはわずか11ヶ所に留まった。アンケートの配布が難しい理由としては①大家さんが遠方に住んでいるため、②相続による分割で大家さんを特定できないため、③居住者も大家さんの顔を知らないためなど、関係の希薄化があり、現代の長屋賃貸経営が過去とは大きく異なることによるということも明らかになった。

大家さんの居住場所に着目してみる。福島区では福島区外に住まいがある不在地主が多く、それに対し阿倍野区・北区では同区内に住んでいる大家さんが4人中3人と多かった（表5-1）。逆に、頻繁に訪れる大家さんの多くは福島区であり、同区内にも居宅を構え、月に何度か大阪市外の自宅から足を運んでいる。

回答が得られた11人のうちでさえ、4人は同じ区内だが、豊中市が2人、堺市、西宮市、芦屋市が各1人、さらに遠く東京が2人いた。

東京の場合、当然ながら不動産屋、管理会社に管理を委託しており、大家さんと居住者のつながりは薄い。

すなわち長屋大家さんを捜し出し、把握することは非常に困難であるということが、皮肉にもこの調査から明らかになったのである。

この点が、持家であれば所有者はそこに住んでいるという京都や奈良の町家と大きく異なり、大阪長屋の保全事業を進める上での隘路である。ここをどう突破するかという点が重要なカギを握っている。

経営の意向

大家さんで「今後の長屋の経営について」①改修を行って賃貸経営を続ける、②現状維持のまま賃貸経営を続けると回答した人は「積極層」、③現在の居住者の退去を待ち除却すると、④現在の居住者に個別に売却すると回答した人は「消極層」と分類した。また、①、②、③、④のどれにも当てはまらなかったが「今後の経営方針に迷っている」と答えた大家さんはその他のアンケート内容を考慮し、消極層に分類した。さらに、積極層のうち「長屋を店舗（または住宅）に改修し、保全・活用している事例に関心がある」の問いに対し、A 関心があり、実践もしてみたいと回答した人を「利活用希望層」、B 関心があるが、実践してみたいとは思わない・C 関心がないと回答した人

表5-1 大家さんの住まい　作成：松村明日香

区	総数	借家数	大家判明数	配布数	回収数	同区内大家
福島区	26	22	17	12	7	5
阿倍野区	15	12	10	7	3	6
北区	6	3	3	2	1	2

表5-2 長屋の大家さんのアンケート結果　作成：松村明日香

※店舗転用・デザイン改修について
A：関心があり、実践もしてみたい　　B：関心はあるが、実践はしたくない　　C：関心がない

地域	スポットの規模	現住所	所有数（戸）	入居数（戸）	年齢（歳）	賃貸歴（年）	経営姿勢	安全性に関して	店舗転用について	デザイン改修について
福島区	6棟32戸	豊中市	34	32	82	53	積極的	不安あり	A	A
	5棟25戸	福島区	30	5	78	50～60	積極的	問題なし	A	A
	9棟32戸	東京	13	13	60	20	積極的	不安あり	B	B
	2棟7戸	堺市	無回答	2	81	100（先代）	積極的	不安あり	A	C
	2棟8戸	西宮市	7	7	50	20	積極的	問題なし	B	A
	3棟12戸	東京	10	10	90	70	消極的	不安あり	B	B
	4棟20戸	豊中市	32	3	34	5	迷い中	不安あり	C	B
阿倍野区	3棟14戸	阿倍野区	8	5	84	50	消極的	不安あり	B	C
	7棟34戸	芦屋市	9	9	71	70（先代）	積極的	不安あり	B	A
	6棟27戸	阿倍野区	21	無回答	60	10	積極的	不安あり	B	C
北区	3棟10戸	北区	16	13	74	50	消極的	不安あり	C	C

を「現状維持層」と位置づけた。積極層と消極層になぜ分かれるのだろう、これをどう考えたらいいのか、消極層を積極層に変えるにはいかなる条件が必要か……本書の大きな課題である。

耐震改修に関する大家さんと居住者の意向比較

長屋経営に対する意向は積極層・消極層に分かれるとまとめたが、長屋の安全性に対しては両者に大きな違いは見られず、どの大家さんも耐震性や防火性に不安を抱いているということが明らかになった。また、「改修を行う際に、行政による補助制度を活用したことがあるか」という問いに対し、全ての大家さんが「ない」と答えた。その理由については「制度について知らなかった」という回答が最も多く、その他「補助だけではペイできない」「賃貸中なので工事を行えない」「(工事を行おうと) 考えたが、もう (自分が) 高齢なので」といった回答がみられた。

居住者も、当然耐震性・防火性において不安を抱いていると回答している。その一方、「耐震補強工事を要望するか」という問いには「要望する」と答えた居住者と、「耐震補強工事を要望したいが不安がある」と答えた居住者は約半数ずつという結果が得られた。不安なことは、「家賃の値上げ」「改修中の生活」「引越しの費用」等があげられる。そのような居住者の意向もあり、大家さん側も改修に踏み込めずにいると考えられる。

利活用希望層の5人のうち1人は実際に商業的利用を行っており、「商業的利用は居住者とのトラブルを避けやすいから」という回答を得た。それ以外の大家さんは、全員が現在と同じ住居の活用を希望していた。商業的活用、住居的活用をそれぞれ希望する大家さんともに、改修に「必要な費用」「事後の十分な収入見込み」が必要であると回答しており、金銭面での不安がネックになっていることがわかった。

また、現状維持層、消極層のなかでも阿倍野区に長屋を持つ大家さんは皆、商業的活用に関心があると回答した。これは、阿倍野区にある「寺西長屋」の活用事例を身近に知っているからではないかと考えられる。寺西長屋は当時築70年 (1932年竣工) であった長屋を改修し商業的活用を行っており、長屋として全国で初めて登録有形文化財となった建物である。このように、経営に消極的な大家さんであっても、実際の活用事例を見聞きすることで活用に

踏み切る可能性がある。これこそがいわゆる「生き生き長屋情報」といって
よい。

大家さんの行政に対する要望

　行政に対する要望は、長屋に対する税金の減免、耐震改修工事を行う際の
補助金の増額などが挙げられ、ここでも金銭面での不安を抱えていることが
読み取れる。その他、長屋保全に関する相談窓口の設置や利活用に対する専
門家の紹介をしてほしいという情報提供の要望も強い。

5-2 貸家・借家という不動産経営モデル

　長屋大家さんの意向調査で得られた一番重要な知見は、「長屋大家さんを探
してもたどり着くのが困難」ということであった。理由はさまざまだが、大
家さんと居住者の関係の希薄化が進んでいることが大きな原因であり、関係
の希薄化は大家さんの借家経営に対する関心の希薄化と結びついていると考
えられる。

　長屋経営に前向きな大家さんはそう多くない。しかし一方で、積極的に大
阪型近代長屋スポットの保全・利活用活動を行う意志のある長屋大家さん
も存在することが判明し、他の長屋の活用事例すなわち生き生き長屋情報に
よって、消極大家さんから積極大家さんへと変化する可能性がある。

　税制度など長屋経営の金銭的な面に関する情報など大家さんの悩みに寄り
添う情報提供が求められる。

　我々研究者の側から大家さんをつかみ、アプローチすることは困難である
ので、逆に、このような、大家さんの背中を押す情報をマスメディアを通じ
て発信することによって、大家さんから我々にアプローチしてくることを狙
い、後述するオープンナガヤ大阪を企画するに至ったのである。

5-3 入居者自己改修システムの可能性

　貸し手と借り手をつなぐ不動産モデルとして、以下の入居者自己改修シス
テムが浮かび上がってきている。

長屋大家さんの多くに差し迫っているのは、新規入居に際して傷んだ内装や設備の補修の費用負担である。比較的最近入居した住民が退去する場合は、保証金等である程度はまかなえるが、相当長期間（数十年以上）にわたって居住していた住民の場合は、退去に当たってその費用を請求することは困難である。

　一方、近年、長屋に魅力を感じ、入居したいと考える若者が増えてきている。長屋や路地等の持つ雰囲気や立地の便利さもさることながら、家賃の安さは捨てがたい。そのような入居希望者のなかには、自分で内装や設備をやり替えたいと考えるものも少なくはない。そして、入居時に保証金として将来の補修費をあらかじめ出すことには負担感を持っている。

　実際に少々荒れた長屋住戸を借りるに際して、入居者が自己責任で自由に改修してもよい、そのかわり大家さんは負担をせず、保証金も必要ないという事例があった。これを新しい契約のシステムとして「入居者自己改修システム」というかたちで一般化できないだろうかと考え、大家さんと長屋入居希望者へのアンケートで問うと、前者の約半数、後者の7割以上が、このシステムに対する肯定的な評価を下しており、成立の可能性はあるといえる。

5-4 先進的な長屋大家さんの事例

大家さんが語る長屋の魅力

　うまく保全し、活用している長屋の大家さんたちも、実は当初、ほとんどの人が壊そうと思っていた。デベロッパーの企画提案を受け、あるいは自分自身で試算し、少なくない借金をして、長屋を壊して更地にし、マンションに建て替える、あるいはもっと気軽に駐車場にする。相続を考えると他に道は見えなかった。ところが、あるきっかけで長屋の価値に気づき、徐々に、残して改修し、活用していく道筋が見えてくる。きっかけとは人との出会いが大きい。どんな人との出会いがあったのだろうか。

　「大家さんが語る大阪長屋の魅力・経営・これから」といういわゆるシンポジウムを、2015年11月29日にオープンナガヤ大阪2015のメインイベントとして、豊崎長屋主屋で開催した。

　話題提供者は、昭和町寺西長屋の大家・寺西さんと、寺田町須栄広長屋の

写真5-1 寺西長屋

大家・須谷さんである。

　寺西さんがイベントの冒頭「大家というのは店子の言葉、我々は所有者あるいはオーナーという」といわれた。筆者も長屋所有者がよいといったんは考えたが、この原稿を書いていて、どうも長屋所有者というのは冷たい感じがする。大家さんのほうが店子・居住者が頼れるような雰囲気が感じられ、大家ではない筆者などは「大家」あるいは「大家さん」といおうと考えた次第だ。

　寺西さんは2003年ごろ、4軒長屋を壊して新しく建て替えようと考え、業者に図面を描いてもらって実現の直前までいったが、いよいよ建て替えようという時に、「潰す前に見せてほしい」とある建築家にいわれ、見せると、彼は「１軒でも残らないか」という。後に連れてきた建築構造を専門とする大学教授もたいそう褒め「よい長屋だ。これは登録文化財になる」という。

　寺西さんは当時大阪府庁に勤務しており、文化財保護課を訪ねると、担当のＨ氏は大阪の長屋を登録文化財にしたいと動いているところであり、「ちょうどよいところに来た。日本初の長屋の登録文化財になる」という。寺西さんは心を動かされ、その言葉通り全国初の長屋の登録文化財となった。

この長屋が新聞に掲載されると、色々な人が見に来た。そのなかに近くの丸順不動産屋の小山隆輝さんもいた。小山さんは「これが登録文化財になるのか」と驚き、「それなら、このまちは文化財だらけだ」と思ったそうである。まちの価値と長屋の価値が一人の不動産屋さんの頭の中で結びついた瞬間である。その後小山さんは、「まちの価値」を上げるために「まちの資源である長屋」の保全活用をミッションとすることになる。

寺西さんは2023年現在大阪府登録文化財所有者の会で会長を努めておられる。講演もこの件でよく頼まれる。長屋を登録文化財とすることによって、人生が大きく変わった、豊かになったと語っている。

また寺西長屋を拠点に、毎年4月29日昭和の日に昭和町では「昭和を再現！体験！ 再発見！」をコンセプトにイベント「どっぷり昭和町」を開催しているが、寺西さんはその実行委員会の委員長である。このイベントは、今では1万人以上の来場者がまちを盛り上げる。

寺西さんが強調する。「私自身はじめは気乗りがしませんでしたが、やっていくうちによかったなと思うようになりました。ひとつは人脈。このようなことをしなければ若い人が寄ってきてくれなかっただろうと思います。登録有形文化財所有者の会との付き合いもできました。最近気がついたのは、テナントの選定が重要だということです。それと信頼できる不動産屋さん」……丸順不動産の小山さんのことである。

すなわち、人が大事。これはまちづくりにも、そして何にでもいえる。人生の大部分は、人との関係が占めるといっていい。

寺田町須栄広長屋の大家・須谷さん

須谷さんは、昭和8年建設の長屋を祖父から受け継いだが、平成元年には4軒が空き家となり、長らく放置していると近隣の人から「夜は真っ暗で危ないからどうにかしてほしい」といわれた。やむなく長屋を潰し、駐車場にしようと考えていた。その時に、第1回オープンナガヤ大阪の存在を知り、参加し、見て回るときれいになっている長屋に強い印象を抱いた。

寺西長屋で寺西さんに「自分も長屋を所有しており、困っている」と伝えると、大阪市立大学に相談するよう助言される。見学の最後に豊崎長屋の改修事例を見学し、驚く。長屋は年寄りが住むもので、住みにくく暗いイメー

写真5-2 須栄広長屋オープンナガヤの目印「さをり」のれん

ジを持っていたが、豊崎長屋は若い人が住めるように、お洒落になっている
と認識が変わる。

　翌年2012年に改修工事を着工し、2013年に竣工、その年のオープンナガ
ヤには参加会場のひとつとなった。見学の来場者に、須谷さんは、柱や壁な
どを指差しながら、構造や材料について専門家顔負けの解説をし、相談に来
た長屋大家さんの相談にのる……魅力的な笑顔で。知人の長屋の大家さんは、
自分も須谷さんのような大家さんになりたいという。大家さんたちが憧れる、
いわば長屋大家さんの星である。

　耐震補強をしっかり行い、若い感性で色々な工夫を施し、また学生がふす
ま張りをし、市大卒業生を中心としたシェアハウス的長屋になった。

　5棟9戸の改修が進んでいるが、最初の1棟の設計段階で、共用のリビン
グが提案された時、一部屋減るその分家賃が入らないといったが、建築家の
竹原教授に「この空間がいいんですよ」と説得された。

　結果的に、共用リビングは長屋の若い居住者のたまり場となり、パーティ
がよく行われる。居住者の友達、会社の同僚など、外部のさまざまな人々が

写真5-3 共用リビングにて

　パーティに参加している。彼らは長屋暮らしの魅力を体感することによって、須栄広長屋ファンとなる。

　これらのファンたちは空室が出るのを待って、次の入居者となる。不動産経営的には、良循環である。共用リビングには人をつなぐ空間の力がある。

　元々長屋を嫌がっていた人が、工事が進みおしゃれなデザインにびっくりして、すっかり気に入った例もある。強力な長屋ファンの誕生である。

　一般市民を長屋入居希望者に変える。そのために一般市民へ生き生き長屋情報を伝えることによって長屋ファンになってもらうということになる。

　須谷さんは「長屋の改修では学生のうしろで私自身も一緒に勉強できて楽しかったです。今も若い人の感性で、皆さんすごくおしゃれに素敵に住んでくれています」と、長屋を再生し、保全・活用したことにおおいに満足している。

　長屋の持つ「空間の力」そして「住文化の蓄積」ともいえるものがあるので、なるべく、使えるところを残す改修工事を行った。全部自然の素材であり、土壁や柱の木などが生き返り、息を吹き返し、あたかも古い細胞が若

返って全身きれいになったように、建物が喜んでいると感じている。

　この空間に、若い人たちが住み、集い、さらに友達をたくさん呼び、そこからまた輪が広がっている。

豊崎長屋の大家・吉田さん

　お二人がお話しされたシンポジウムの会場となったのが、豊崎長屋の主屋である。その当主である大家さんの吉田さんから、それ以前に折に触れておうかがいしたお話を紹介する。

　豊崎長屋の大家さん吉田さんは、亡くなったご主人が大切にしてきた長屋と路地をなんとか残したいと思い、土の路地にみどりを育て、大事にしてきた。ある時、親切な市会議員が「路地を舗装してあげましょう」といってきたが、断る。「土のまま」というのを、ご主人がとりわけ好んでいたのだった。

　しかし、梅田から歩いて15分という立地のよさと、主屋と6棟の長屋というまとまった敷地規模である。ディベロッパーが見逃すはずがなく、「潰して、マンションを建てましょう」とすすめられ、あと一歩で契約書に印鑑を押すというところで、谷直樹（当時）大阪市大教授と出会った。そして谷教授の「相続のことも考えて、登録文化財にして、残しましょう」という言葉に、徐々にではあるが舵を切ることになった。

　豊崎の長屋保全グループは、「はじめに」で述べた大阪市大の複数の教員グループとその研究室の学生、大学院生を中心に、学外の構造専門家や大工工務店、前出の寺西氏等多彩な人材によって構成されている。またこの主屋と長屋群は大阪市大の都市研究プラザの現場プラザという位置づけで、豊崎プラザという看板を掲げている。大阪市都市整備局や大阪市立住まい情報センターからの協力も得ている。こうした幾重もの支えによって、悩み揺れ動く吉田さんの気持ちは保全・活用へと固まったのである。

　2007年に豊崎長屋保全プロジェクトが始まって1年目は、吉田さんにも、その親族にも大きな不安があったことは否めない。この人たち、つまり我々大阪市大グループに任せて本当に大丈夫なのかといった表情が見て取れた。その目が輝き、笑顔が浮かび、ほとんど歓声に近い声が上がったのは1年目の耐震補強、改修工事が竣工した瞬間だった。私は昨日のことのように覚えている。

以降2022年までに合計で、主屋一棟、長屋5棟11戸の工事が竣工している。

まちづくりにおける大家さん・不動産所有者の役割

　長屋の大家さんが動かなければ、長屋は保全されない、活用されない。そのためには、偶然のような人との出会い、登場が重なることによって、大家さんが段々その気になっていくというプロセスが見られる。

　大家さんではなく利用者、居住者が動く場合もある。「長屋の大家さんが動かなければ」と先述したが、代わって利用者、居住者が改修しようと思い立った時に、少なくとも、それを許す決断を大家さんがしなければ、長屋は保全されない、活用されないのである。

　最初から長屋を残そう、活かそうと考えていた大家さんはまずいない。同様に、はじめから長屋にこだわって住んだ居住者もそう多くはない。自分の希望をかなえる物件を探して、結果的に今の長屋にたどり着き、今では予想以上に面白く、楽しく、わくわくしている。その経緯に、それぞれ物語があり、ドラマがある。

　いわばお荷物だった長屋が生き返り、果ては大家さんの生きがいになったという物語はまだまだ多くの人に、特に悩める長屋大家さんたちに知られていない。これは広く知らせる必要がある。

5-5 大家さんと入居希望者を結ぶのは不動産屋さん

上質な下町＝選ばれるまち

　2-2で登場したBe-Localパートナーズの一員、丸順不動産の小山隆輝さんのお話である。「街の不動産屋さんのまちづくり『暮らしや商い、地域の価値向上に不動産を活かす』」というレポートを書いている。

　生まれ育ったまち大阪市阿倍野区を、人が来たくなるまち、暮らしたくなるまち、店を構えたくなるまちにしようというミッションを持って頑張る不動産屋さん、小山さん。まちづくりにはまちのビジョンが必要である。人口減少少子高齢化社会の中で、まち（小山さんはエリアという）が生き残っていくためには「選ばれるまち」にならなければならないという。そのために阿倍野のまちのビジョンを「上質な下町」＝「選ばれるまち」としている。

写真5-4 小山さんinバイ
ローカル

　まちの価値を高めるためには、そのまちの資源を活かすこと、これもまち
づくりの常道である。

　12年前に寺西長屋にテナントを入れるという仕事をした時、そこで大阪長
屋の価値に気づいたという。つまり阿倍野区は長屋という文化財……資源だ
らけのまちであることに気づく。さらに、そのまちの魅力と価値を皆で考え
ていると、まちを楽しむイベント「どっぷり昭和町」も知った。

　そこから、長屋などの既存建物の再生に際して、大家（不動産所有者）、入居
希望者、大工の橋渡しをし、その際特に大家と入居希望者を対等平等な関係
でつなぐことに注力してきた。

　まちの価値に気づいた大家さんと、暮らしと生業のセンスのよい人々をつ
なぐ。そこからは、春と秋のむすびの市というイベントを開催する桃ヶ池長
屋（2-2）も生まれた。

　やる気のある大家さんによってオーダーメイド賃貸という方式も実現した
が、これも大家、入居者、建築士などが、改修についてじっくりと相談しな
がら進めた。

消極大家さんを積極大家さんに変える

　昭和レトロな事務所ビル昭南ビルを改修し、起業する女性、自分の城を持
ちたい主婦を応援しているが、こうした「小さな成功体験をまち中に散りば
める」ことによって、「まちを活性化し、エリア（まち）の価値を向上させる」

ことができるという。主婦限定で入居者を募る……なんという不動産屋だろう。応募してきた主婦のなかには、自分の作品、自分のやりたいことを見事にプレゼンする人もいたという。これは単なる不動産の商売ではない。不動産をツールとして用い人生の後押しをして、主婦たちの夢を叶えている……いわば主婦の人生コンサルタントといっていいのではないか。

　また、改修工事の体験型ワークショップをすると、参加者はその住宅やまちの価値を見いだし、愛着を持ち、入居したいと思い、居住者となる。これは参加型のまちづくりに近い。「その建物の活用を、地域社会との関わりを通じて考える」という。説得力のあるよい言葉である。

　消極大家さんを積極大家さんに変える。一般市民を長屋入居希望者に変える。そのためには、生き生き長屋情報を伝える。換言すれば、長屋入居希望者と大家さん、ここに長屋人をつなぐ……これが不動産屋や専門家の役割である。

6章 長屋暮らしとリノベーション

6-1 住み続けること

　長屋を直しはじめて、知らぬまに 15 年以上が経った。最初はこんなに続くと思っておらず、年月を経るにつれて、その奥深さに魅せられている。長屋に関する一番古い記憶は、路地の両側に並ぶ大屋根の軒の連なりとその間に広がる空の青さと広さである。大阪の都心、梅田からすぐ近くのビル群の横に 21 世紀になってもこのような風景が残っているのかと驚いた。神戸のニュータウンに育ち、町家の残る京都で下宿をした。その間にある大阪には高層ビルばかりがあるイメージを持っていた。しかし、大阪で働くようになって、長屋に出合い、そこから歴史と現在が地続きのような新しさを受け取った。こんな風景が残るとよい。そんな素朴の想いは今も持ち続けている。

　大阪長屋の面白さに取り憑かれて、ついには、長屋のリノベーションだけでなく、長屋を公開するイベントを開催したり、ロンドンまでオープンハウスイベントを視察に行ったりした。その時に、長屋の魅力や未来を大きな声で明確にしてくれたのが藤田忍大阪市立大学名誉教授（当時は大阪市立大学生活科学研究科教授）だった。15 年間、長屋に一緒に関わり、前向きに長屋を捉える姿勢を教えてもらった。その藤田先生の最終講義のような意味がこの本にはある。大阪長屋の建築も人もまちも面白い。そのことがこの本には詰まっている。

　そんな本のひとつの章をお借りし、大阪長屋の建築の魅力を写真と文章でお伝えするのが建築設計を専門とする私の役割である。他の章とは雰囲気が異なるかもしれないがおつきあいをお願いしたい。

　この章では、私たちが取り組んできた長屋のリノベーションプロジェクトを取り上げ、大阪長屋の住空間デザインについての文章や図面、写真を載せた。最も新しいプロジェクトは、完成したばかりの須栄広長屋の翡・翠住戸と、7 期工事が進行中の豊崎長屋である。

室名を持たない都会の住まい

　私たちの改修した長屋には室名がない。部屋の用途は住人に委ねられている。そこに自由度があり、伝統的な住まいに暮らす醍醐味があると考えている。伝統的な意匠を残しつつ、大きなキッチンカウンターや作業性のよい広々とした軒下空間をリノベーションでつくり出した。

　長屋には、慎ましやかに暮らす人、大人数でにぎやかに過ごす家族、新婚の新居として選択する人、いろいろな生活がある。植栽で溢れかえる門周りやひっそりとした暖簾の似合う店舗や事務所の構え、軒先でのマルシェイベントなど、日常に裏打ちされた活気が満ちている。気軽に便利に都会を楽しむ多様な住まい方を受け入れられる器が長屋である。

　加えて、この章の後半では、大阪長屋の活用に一緒に取り組む建築家仲間のプロジェクトも紹介した。古いものを単に直すことに留まらない取り組みの現在を伝えられたらと思う。とにかく大阪長屋は奥深くて面白い。賃貸住宅なのに、石畳や土のままの路地があり、前庭に裏庭、塀や敷台玄関のような造作、床の間や平書院に地袋、離れがあるものまである。

　小さな住まいなのに、それが群となって大阪中に点在しているところも素晴らしい。1住戸のリノベーションが都市全体に広がる可能性を秘めている。住宅地の持続性、高齢者や子育て世帯、若者が一緒に暮らす多世代居住、伝統的な意匠を活かしつつ性能を上げるための改修手法、伝統構法の標準化された寸法体系の合理性、自然の素材による質感、文化財としての価値。取り組むほどに切り口が増え、さまざまな専門家やまちの人たちと建築のデザインについての議論が広がっていく。

6-2　界壁を動かすリノベーション　　　──須栄広長屋

長屋は磨けば宝物になる

　昭和初期に建てられた大阪市生野区にある長屋群を改修し続けている。すべて賃貸住宅で、当初、長屋群は大家さんの重荷になっていた。老朽化していて空き家があり、家賃が安いから住む人はいても、住みたい人はいなかった。しかし、私たちが改修した北区にある「豊崎長屋・銀舎長屋」を見て、考えが変わった。長屋は磨けば宝物にもなると。

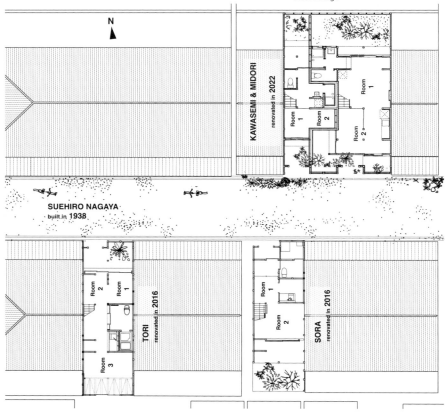

図6-1 須栄広長屋配置図 須栄広長屋

※この章の写真は絹巻豊撮影のものを⒦、多田ユウコ撮影のものを⒯としてある

写真6-1 須栄広長屋の前の通り⒯

写真6-2 通りから須栄広長屋の翡住戸と翠住戸をみる⒯

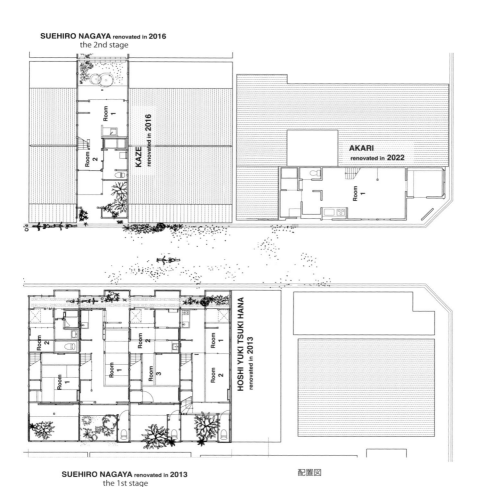

SUEHIRO NAGAYA renovated in 2016
the 2nd stage

KAZE renovated in 2016

Room 1

Room 2

AKARI
renovated in 2022

Room 1

HOSHI YUKI TSUKI HANA
renovated in 2013

Room 1

Room 2

Room 1

Room 3

Room 1

Room 2

SUEHIRO NAGAYA renovated in 2013
the 1st stage

配置図

写真 6-3、4 改修前

写真6-5 縁側。左側が通り⑦　　　　　写真6-6 縁側から前庭と通りを見下ろす⑦

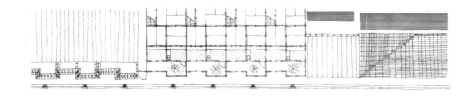

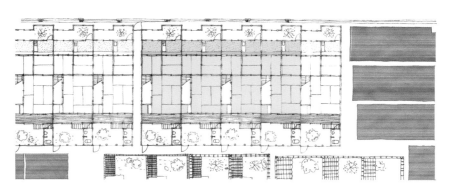

図6-2 須栄広長屋の建築当初の推定平面図（作図：池嶋智：大阪市立大学院生・当時）

大きなガラス窓が通りを明るく彩っていた

　オープンナガヤ大阪（7章）に参加して、自身が所有する長屋の改修を決意した大家さんと改修プロジェクトをスタートさせたのが、1期（2013年）である。まず、1棟4住戸の星・月・雪・花住居を改修し、「須栄広長屋」と命名した。

　須栄広長屋は、どの住戸も同じ間取りをしていて、道を挟んで対称に並んでいる（図6-2）。前塀で囲われた前庭と奥庭があること、通りに面して全面ガラス窓の2階縁側があることが特徴である。長屋を建設したのは、大家さんのお祖父さんで、建設費のうちで大きな割合を占めたのがこのガラス窓だという。1階にも2階にも6畳間があり、1階には半間の床の間、2階の座敷には長押が周り、床の間には平書院がついている。

小さな庭を大きくする

　改修では、①形式的には立派だけれど、実際には日が当たらず狭い前庭をつなげて、みんなの前庭にすること、②真ん中の2住居をつなげ、みんなのリビングと呼んでいる、集まってごはんを食べられる部屋をつくることを考えた。

　つぎの2期（2016年）は、空き家になった点在する3住戸の改修だった。1期とは違う方法で、建築と庭が一体となった小さな借家暮らしの魅力を増幅させたいと考えた。風住戸、宙住戸、鳥住戸、それぞれ、軒下空間が豊かになっている。住人たちは、その軒下をうまく使いこなし、ガーデニング、アンティークショップ、大工作業とそれぞれの日常を過ごしている。

ひとり暮らしと子育て家族

　少し間があいて、2021年から本格的に3期の計画がスタートした。2住戸を一緒に改修することになり、計画案を練っているときに出てきたのが、各住戸の大きさを変える案である。最近、長屋で乳幼児を見る機会が増えていて、子育て世帯による長屋ニーズを感じていること、単身者の人が住むには広い＆家賃が高いという声から、長屋のサイズを変えることが有効だと考えた。界壁を動かすことは、界壁を共有する長屋にとって大きな変更だが、構造補強を兼ねられること、お風呂やトイレなどの水回りが配置できて設備が仕込めること、防音性能を高められることなど、複数の効果が得られることが決め手になった。

写真6-7 須栄広長屋・住戸のリビングでのごはん会の様子（産経新聞社提供）

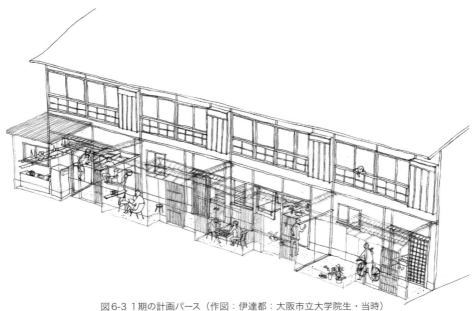

図6-3 1期の計画パース（作図：伊達都：大阪市立大学院生・当時）

写真6-8 須栄広長屋の6畳間 （上2つは改修前、左中4つと右下は1期、右上は2期、左下は3期）

6-10

6-11

須栄広長屋の軒下空間
写真6-9 鳥住戸の前庭　写真6-10 風住戸の前庭　写真6-11 宙住戸の奥庭をみる⤵

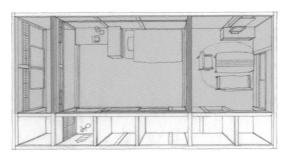

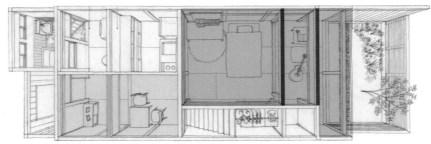

図6-4 須栄広長屋2期の計画パース
小壁（天井から鴨居までの壁）を意識的につくり、軒下空間を広くしている
（作図：峯崎瞳：大阪市立大学院生・当時）

6-12

6-13

写真6-12
翠住戸の住戸表示
サイン
写真6-13
翡住戸入り口⊤

1枚目

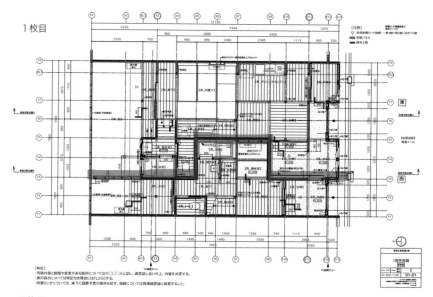

2枚目

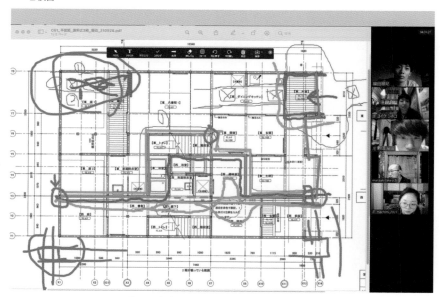

図6-5 須栄広長屋の計画を検討している図面
1枚目の青色のラインでは計画によって界壁（住戸間を間仕切る壁）を凸状に移動させている。
2枚目では、凸状の壁の仕様や位置をオンライン上で議論している。

図6-5 須栄広長屋の計画を検討している図面

写真6-14 須栄広長屋・翡住戸前庭と奥庭と一体となる広い続き間Ⓣ

写真6-15 階段と界壁をみるⓉ

写真6-16 須栄広長屋・翠住戸入口⊤ 　　写真6-17 裏庭から表をみる。1人暮らしを想定し
　　　　　　　　　　　　　　　　　　　　　て小さくなったが、前庭から奥庭に抜けている⊤

　3期の計画は、新型コロナウイルスの感染が拡大している状況下で進めた
ので、計画案を検討するのも構造打ち合わせをするのもオンラインだった。
図6-5は、どのように界壁を動かすのかを議論しているところだ。この描き
込みは、サン＝テグジュペリの「星の王子さま」に出てくる印象的な挿し絵、
うわばみがゾウを飲み込んだ絵に見えると思っていて、長屋の自由な解釈を
導いてくれるような気がしている。

ずっと続くプロジェクト

　翡住戸と翠住戸の工事完了とほぼ同時期に並びの住戸の改修工事が終わっ
た。燈住戸と名づけられた東端の建物である。こちらも空き家になっていた
建物で、改修を手掛けたのは宙住戸に住んで設計事務所を営む新川さん、入
居者は雪住戸の設計に大学院生時代に取り組んでいた杉原くんである。
　このように、工事が進むにつれて、工事範囲だけでなく、人のつながりも
増えていく。長屋の工事では、隣に住む人の了承を得ながら、空き住戸を少

しずつ改修している。ある意味効率が悪いといえるかもしれないが、継続して進めることで、人のつながりが生まれ、少しずつ通りが変化していく。一気に完結しないことに意味があり、長期的な視点を持つからこそ、できることがあると感じている。

6-3　豊崎長屋（主屋と20戸の長屋）と改修設計手法

15年目の改修

「再開発では決して実現できない、繊細な下町の雰囲気を残しながら、現代の生活、耐震性、防災の確保にも取り組んだ意欲的なリノベーションの試みである。大阪下町の長屋の再生計画として、ひとつの可能性を示した、プロトティピカルな提案として高く評価したい」

これは、グッドデザイン賞のサステナブルデザイン賞（2011年）を「豊崎長屋」（北区）がもらった時の審査委員の評価である。この時点で4住戸のリノベーションが完了し、その次のプロジェクトが進んでいた。再開発ではないので、老朽化した建物をクリアランスすることなく、隣には長く住む高齢の夫婦がいるまま、空き家を順次改修している。現在も単身の社会人や子育て世帯と高齢者が一緒に軒を並べて暮らしている。

最も古い建物は、1897年に建築された北終長屋である。主屋は101年前に建てられた。全体として、主屋を取り囲むように、銀舎長屋（3住戸）、東長屋（4住戸）、南長屋（2住戸）、南端長屋（2住戸）、西長屋（4住戸）、北終長屋（5住戸）の20住戸からなる。2007年から改修工事をはじめ、空き家となるごとにリノベーションを継続してきた。2022年は、12住戸目の改修計画を進めている。小さな住戸の改修だが、15年以上に渡る長期プロジェクトでもある。この節では、長屋のリノベーションの設計手法について紹介したい。

座敷飾りを残す

豊崎長屋は小さな住まいである。長屋というだけあって、隣の住居と壁を共有していて、2戸建てのものから5戸建てのものまである。最も小さいのは西長屋で延床面積45㎡に裏庭と物干しテラスが付いている。大きいのは、東側にある長屋群で、70㎡に前庭、裏庭、縁側が付いている。

この小さな住まいに日本的な生活様式の基本が詰まっている。小さいながらも前庭や奥庭を備え、建物と庭が一体となっている。路地に面した前塀には潜戸のある大戸が用いられ、玄関は板戸と障子の引き分けになっている。畳敷きの座敷には床の間に平書院、地袋などの座敷飾りが揃い、釣床がある部屋もある。小さいながら伝統の様式に則っている。

改修の際に床の間を無くしてしまうことは簡単である。座敷飾りや格式のある玄関は客を迎えるための設えであり、現代の暮らしにおいて接客は重要ではないので、不要な空間であると言える。しかしだからこそ、歴史ある建物を改修して暮らす醍醐味がそこにあり、生活に潤いを与える余地が生まれるのだと思う。

寸法体系と建具の標準化

これまで改修を手掛けた長屋は、全部で 25 住戸である。現在、26 住戸目と 27 住戸目をそれぞれ改修中。これまで改修したいずれの長屋にも共通した寸法体系があり、とても理にかなっている。まず、畳の寸法が共通している。長さは 6 尺 3 寸（1910mm）、京間と呼ばれれる寸法体系である。この畳を基準に柱と柱の間の内側の寸法が一定になっている。次に、鴨居の高さも共通している。高さが 5 尺 7 寸（1730mm）。その結果、柱間に入る襖や障子などの建具の寸法も必然的に一定になる。これが、借り手が内装設備を持って引っ越しする「裸貸」という独特のシステムの基本となっている。このシステムは江戸時代から続くと言われていて、大正末から昭和初期の長屋でもその通りになっていることが確認できた。

モデュールが共通しているということは、とても合理的で便利である。夏は簾戸という簾を嵌め込んだ風を抜ける建具を用いて、冬には襖を使うなど、季節に応じて建具を交換することもできる。

図6-6 豊崎長屋全体配置図

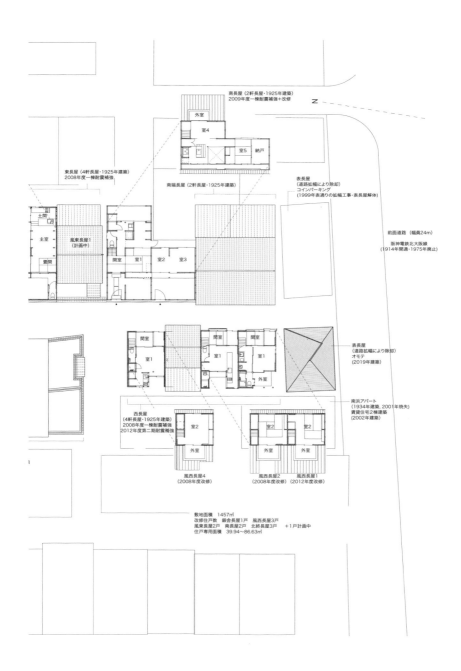

南長屋（2軒長屋・1925年建築）
2009年度一棟耐震補強＋改修

外室

室4

室5　納戸

Ｚ

東長屋（4軒長屋・1925年建築）
2008年度一棟耐震補強

土間

主室

風東長屋1
（計画中）

居間

南端長屋（2軒長屋・1925年建築）

開室　室1　室2　室3

表長屋
（道路拡幅により除却）
コインパーキング
（1999年表通りの拡幅工事・表長屋解体）

前面道路（幅員24m）

阪神電鉄北大阪線
（1914年開通・1975年廃止）

開室

室1

開室

室1

室1

開室

室1

外室

表長屋
（道路拡幅により除却）
オモテ
（2019年建築）

室2

室2

室2

南浜アパート
（1934年建築, 2001年焼失）
賃貸住宅2棟建築
（2002年建築）

西長屋
（4軒長屋・1925年建築）
2008年度一棟耐震補強
2012年度第二期耐震補強

外室

外室

外室

風西長屋4
（2008年度改修）

風西長屋2
（2008年度改修）

風西長屋1
（2012年度改修）

敷地面積　1457㎡
改修住戸数　銀舎長屋1戸　風西長屋3戸
風東長屋2戸　南端長屋2戸　北端長屋3戸　＋1戸計画中
住戸専用面積　39.94〜86.63㎡

6-18

6-19

6-20

左：写真6-18　豊崎長屋の西長屋の2階から路地と南長屋と東長屋をみる。前塀が連続している。右上：写真6-19 東長屋の前塀。入口から前庭が見えている。右下：写真6-20 西長屋の出格子。西長屋は前庭がなく直接路地に面している。撮影：Ⓚ、右上のみⓉ

写真6-21 南長屋入口Ⓚ

写真6-22 南長屋前庭Ⓚ

写真6-23 豊崎長屋・東長屋3（2021年改修）の2階Ⓣ
東から入ってくる光が、ヒノキの小幅板の床と天井にバウンドする

6-24

6-25

6-26

6-27

写真6-24 東長屋床の間Ⓚ　写真6-25 東長屋1
階Ⓚ　写真6-26 銀舎長屋2階Ⓚ　写真6-27 西長
屋2階Ⓣ

写真 6-28、29 豊崎長屋・西長屋1の建具を開閉した様子。奥にキッチンと洗面カウンターがある。障子は別の場所で使われていたもの。敷鴨居は新しく製作した⊤

写真 6-30 豊崎長屋の主屋での展覧会「藝術のすみか」の様子
襖を制作し、いつもの襖と入れ替えた（襖制作：中野表具店、イラスト：日下明）

構造補強の見える化とふかし壁

構造補強としては、伝統構法の特徴をいかしつつ強化できるような丁寧な改修を心がけている。まず、①土壁を丁寧に繕う。柱と壁のちりぎわを念入りに塗り、補修あとを隠さずにみせることもある。②新しく追加する壁は、土壁と同様の粘り強さを発揮するパネルであり、仕上げは左官となる。

③小屋裏から壁までうまく力が伝わるように柱や梁を足していく。柱の頭頂部が固定されていない場合が多く、「頭つなぎ」と呼ぶ梁を追加したり、筋交いを設けたりする。既存の丸太梁を含め、補強を隠さず見せる。

改修している長屋に共通しているデザインがある。「ふかし壁」である。土壁用の設備配管スペースであり、構造要素である土壁を切り欠くことなく電気配線を通すために設けている。

6-31　6-32　6-33

写真6-31、32、33　土壁を丁寧に繕う：土壁の欠損している部分を埋め、壁の上部など上塗りされていなかった部分を塗り足す。柱の欠けには埋木を施す

6-34　6-35　6-36

写真6-34、35 相欠き加工を施した下地に土壁と同等以上のねばり強さを持つパネルを両面貼りし左官で仕上げる

写真6-36 屋根の柱と梁の軸組を一体化して、力が伝わるようにするために、小屋裏に梁や筋交を設ける

写真6-37、38、39 さまざまなふかし壁。ドアホンやコンセント、洗面台や照明を取り付けている⑦

改修跡を隠さないこと

　改修の痕跡をありのままに見せることを大事にしている。一般的には、構造補強は隠して見せない方が美しくデザインが納まると考えられている。しかし、補強した部分をそのまま見えるようにしていると、補強されていることが入居者に伝わり、気持ちの上での安心につながることがわかってきた。

　同時に仕上げの素材についても慎重に選んでいる。新しく付け加えた柱や梁などの部材は古材と明確に色が異なる素地のまま、しかし表面を仕上げない荒木のままとする。左官の仕上げについては、既存の壁は荒壁ままとし、新しく加えた壁は砂漆喰としている。こうすることで、改修後の建築には、変更の履歴がそのまま仕上げとして立ち現れてくる。新旧の素材は区別されるけれど、補修や補強により複雑に絡み合う。そして、時間が過ぎると、新しいがざらざらしている素材も経年変化していく。時間の痕跡を残す改修である。長屋の歴史を組み込んだ改修をしたいと考えている。

時間の積み重ねが見えるようにリノベーションする

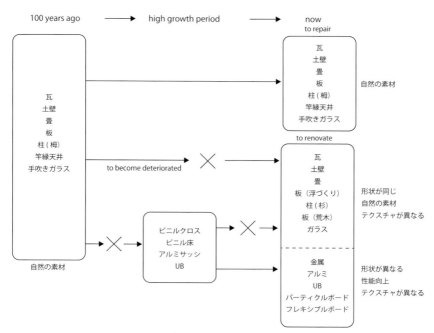

図6-7 既存の素材と改修後の素材の関係

写真6-40 南長屋座敷

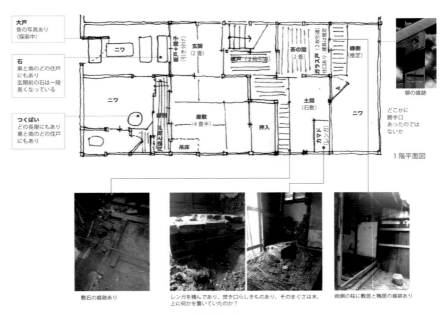

図6-8 復元図

写真6-41 豊崎長屋・東長屋3の1階奥①
こちらでは、ヒノキの小幅板の天井が高窓からの光を受ける。
床と壁は自然オイルが塗り込まれた木質ボード

時間をかけた補強

　改修の際には、長屋1棟全体の構造計算をする。その上で、住戸ごとに必要な補強を検討する。長屋には複数の入居者がいるため、耐震補強の合意形成が難しいと言われている。そこで、これらのプロジェクトでは長期的な補強計画を選択している。まず、空き家になった1住戸のリノベーションと補強を行う。後日、同じ棟の他の家が空き家になると、再び改修工事と補強を行う。これを繰り返して将来的に耐震補強が1棟として完了する。改修をはじめた当初は絵空ごとにも思えたが、少しずつ実現しつつある。

チームで改修する

　長屋を直すときには多くの人を巻き込んでいる。チームをつくって改修し、さまざまな分野の人の知識と経験に頼りながらプロジェクトが進む。そうすることで長屋の未来が広がる。

　例えば、図6-8は長屋の復元図である。解体中の現場にてカマドらしきレンガが出てきたと最初の一報をくれたのは長屋所有者である。現場の職人さ

んにお願いして撤去をやめてもらい痕跡を保存する。歴史家と一緒に柱の仕口に残っている痕跡を頼りに部屋の形状を推測する。こうして、復元図ができた。このつぎは、この図面を持って、古くから住む住人に昔を思い出してもらったり、見学者に復元図を見てもらったりして、過去の長屋のことを残していく。

■

　通常は、施主と大工、図面を描く建築士がいれば改修が成立する。建築士がいない場合だってあるかもしれない。しかし長屋では、歴史家と意見交換しながら復元図を作成し、賃貸住宅としての利点を不動産屋さんと話し合い、構造の専門家と大工を交えて補強方法を議論する。まちづくりの専門家とイベントを企画し、学生や研究者が住まい方調査をして所有者や入居者にインタビューし、入居者が展覧会やコンサートを開催する。こうして長屋の魅力がオープンになっていくのだと思う。

　なお、本章で紹介した大阪長屋のリノベーションの初期は、大阪市立大学竹原・小池研究室の設計で、竹原義二と小池、および学生が設計し、桝田洋

写真6-43 着工の日の記念撮影。写っているのは長屋所有者、大工棟梁、現場監督、工務店社長、設計士、学生。（撮影：成願大志）

写真6-42 現場に向かう大学生たち

子率いる桃李舎が構造を担当し、山本博工務店が施工している。竹原義二が退職後は、大阪公立大学（旧大阪市立大学）小池研究室の小池と学生が企画設計し、ウズラボが設計監理、施工の一部は輝建設が実施している。この改修には、長屋所有者と住人の理解と協力、歴史家の谷直樹、和田康由、福田美穂の助言、小伊藤亜希子や学生による住生活調査、藤田忍オープンナガヤ大阪顧問、中野茂夫オープンナガヤ大阪実行委員長が束ね、土井修史、綱本琴らが参加するオープンナガヤ大阪ネットワークの活動と実践と大阪公立大学長屋保全研究会での研究の成果が反映されている。

6-4 長屋という住居形式

大阪長屋の数

大阪市内の長屋の数は年々減少している。戦前の長屋だけに注目すると、昭和25年以前に建設された長屋は、この25年間で約12%まで減少していて、7,600戸となっている（総務省、住宅・土地統計調査）。老朽化して取り壊す必要のある長屋もあるが、その希少価値が高まってきているともいえる。長屋は過去のもののように思えるかもしれないが、そこには都市で暮らすための知恵が詰まっている。

新しく建てられる長屋もある。新築の建物を紹介する建築雑誌「新建築」の毎年の集合住宅特集号では、工夫して建てられたさまざまなタイプの重層長屋を見ることができる。統計調査を見ても、昭和26年から昭和55年までに建てられた長屋や、新しい耐震基準がつくられた昭和56年以降に建てられた長屋が一定数ある。戦後の高度成長期に建てられた長屋は、戦前の長屋より状態の悪いことも多く、接道不良の問題などを抱えている。昭和56年以降の長屋の多くは、ニュータウンに建てられたタウンハウスで、こちらも凝った意匠や配置、共有のコモンスペースを持っていて、まち歩きすると楽しい。

大阪長屋は歴史になった過去のものではなく、nLDK型住居とは異なる現在の住まいであり、戸建ではない接地型の形式を持ち、分譲ではなく賃貸であるという住まいのタイプであり、これからの住まいのあり方を考えるときに参照できる存在なのだと思う。

リノベーションの数字

図6-9は、大阪長屋に入居した人が、どのように長屋物件を探したのかについて調べた結果であり、図6-10は、入居する物件としてなぜ長屋を選んだのかについて聞いた結果である。

大阪長屋に入居する場合には、一般的な不動産情報サイトには長屋の情報があまり流れておらず、古民家やリノベーションに特化した不動産を扱う事業者や個人的なつながりを通して入居に至っている。このような情報発信は、広く長屋を知ってもらうには不便ではあるが、入居者と貸主の信頼関係を築いたり、長屋の特徴を知ってから入居してもらったりするにはよい方法である。

長屋に入居した人で、当初から長屋に住みたいと思って探していた人は実は少数であり、併用住宅として使えること、改修の自由があること、費用や立地などを考慮して探したら、長屋に行き当たったという人が多い。

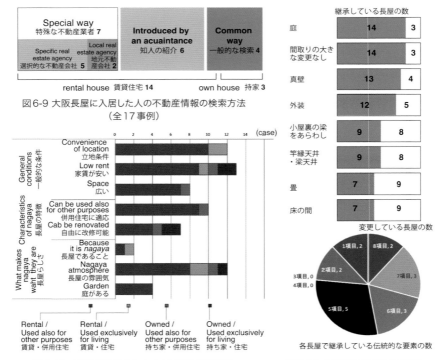

図6-9 大阪長屋に入居した人の不動産情報の検索方法
（全17事例）

図6-10 大阪長屋に入居した人の長屋の選択理由
（全17事例、複数回答）

図6-11 大阪長屋の改修における
伝統的な意匠の継承と変更（全17事例）

改修費用とその負担方法、賃貸の場合の家賃を調べたところ、長屋を購入した人は、比較的高額（平均670万円）の改修工事を実施している。賃貸の場合には、所有者と入居者の双方が工事費用を負担する場合が6割を占め、その場合の入居者が負担した費用は平均276万円であった。

　改修における伝統的な意匠の扱いについて調査した結果が図6-11である。庭と外装という外から分かる要素、小さな部屋が建具で仕切られて続いているという続き間の間取り、畳や床の間、真壁という和室の意匠に加えて、竿縁天井や梁天井という現代の住宅には見られない凝ったデザインの天井という8要素の残存状況を調べた。8要素とも継承している事例が2件、7要素継承が3件と意匠の大半を継承している事例が一定数ある。一方、1ないし2要素しか継承していない事例が4件あった。このように大胆に改修し、伝統的な意匠を大幅に変更している事例では、改修前には天井に隠れていた丸太による小屋裏の梁を見られるように変更するなど、伝統的な意匠の新しい見せ方が試みられている。

6-5 大阪長屋と向き合う建築家たち

　あたり前だが、大阪長屋の間口は狭い。小さいものなら3メートル。大きければ6メートルを超えることもあるが、そうはいっても奥に長い。奥行きは10メートル越え。この小さくて豊かな大阪長屋のリノベーションに取り組んでいる建築家は、それぞれにこの歴史と奥深さを活かした空間を実現している。オープンナガヤ大阪（7章）に参加している長屋のうち、いくつかのリノベーションと建築家を紹介したい。

Re:Toyosaki（松村一輝）

　建築家の松村さんの自邸である。2階では、6メートルを超える長さのカウンターが長屋の奥行きと同じだけのワンルーム空間に広がっている。天井に見える古い梁が空間に作用し、気持ちがよい。黒板のある1階の玄関土間は、立ち話をついついずっとしてしまいそうになる居心地のよさだ。この長屋は賃貸ではなく持家で、新居を選ぶ際に長屋という中古住宅を選び、心地よいリノベーションによって都心暮らしを楽しんでいる。

写真6-44 Re:Toyosakiリビング（撮影：増田好郎）

写真6-45 Re:Toyosaki玄関土間（撮影：増田好郎）

写真6-46 書肆喫茶 moriの入り口。2階に続く本棚階段がみえる（撮影：岡田和幸）

書肆喫茶 mori・ヨシナガヤ012（吉永規夫）

　吉永さんは1章でも登場した長屋人で、「よい長屋・ヨシナガヤ」をつくり続けている。それぞれの長屋にはロット番号がついていて、明治40年築の書肆喫茶 mori はヨシナガヤ012である。これまで、多くのヨシナガヤを見せてもらってきたが、いつも気持ちのよい広がりと落ち着ける雰囲気を味わう。壁一面の大きな本棚があることが多く、そこから光が降り注いだり、奥の庭に視線が抜けたりする。建築と家具の間のような大きな本棚の存在が、長屋と人をつなぐ役割を担っているように思う。そこに並ぶ本や小物たちがその住人の趣味を反映し、ついつい長居したくなるのだと思う。

アベノ洋風長屋（伴現太）

　伴さんは、大阪長屋が多く残る阿倍野区に設計事務所を構え、セルフビルドや施工支援などもしながら、近所に残る多くの長屋のリノベーションを手がけている。28ページでは、伴さんが住む桃池長屋が紹介されている。一方、アベノ洋風長屋は三角屋根が特徴的な5軒長屋で、改修によって複合店舗に

写真6-47 アベノ洋風長屋。洋風の小さな屋根の連続と草屋根がランドマークとなっている

生まれ変わった。5つの三角屋根と両端の入り口の三角屋根、中央の草屋根がランドマークになっていて、可憐でありつつ迫力がある長屋となっている。

山之内の長屋 (植森貞友)

　植森さんは、施主と設計者（意匠設計と構造設計も含む）と施工者の3者を1人で兼ねるという試みに挑戦している。植森さんいわく、3つの職能をまとめて担うことで、合意形成にかかる時間が大幅に短縮されて効率的になる。しかし、そういう生産性のことだけではなく、長屋の建築に関するすべてのことを担おうとする姿勢に長屋へのあふれる愛を感じる。この長屋は間口が3メートルという大きさで、長屋の中でも極小の戦後の長屋である。大半の人にとっては、改修前のこの長屋は老朽化したどこにでもある空き家に見えたことと思う。しかし、植森さんは小さな床の間や丸窓などに数寄屋風の意

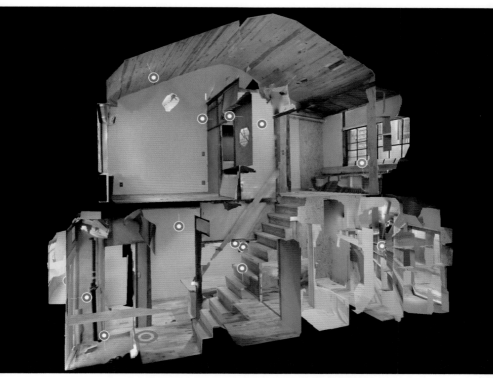

写真6-48 山之内の長屋を3Dスキャンした画像.小さな長屋の魅力が詰まっている

匠を見出し、それらを丁寧に残して改修する。そして、快適な断熱性能、水回り機能を小ぶりな空間に効果的に配している。

■

　長屋のリノベーションはライフワークとなっている。それでもまだ日々の発見があり、新鮮な面白さがある。その一端を写真と文章で少しでも伝えられたらと思いこの章を書いた。日々、長屋から学んでいる。先日も解体で出てきた裏庭の板塀の柱に菱形の穴を見つけた。これは板塀の上が少し透けていて、その中央に角材を45度傾けた飾り棒が入っていた痕跡である。この意匠は、前庭の塀と共通していて、小粋な技に感心した。

TOYOSAKI NAGAYA

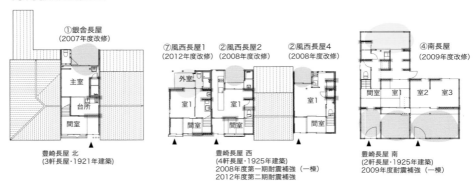

①銀舎長屋
（2007年度改修）

主室

台所

間室

豊崎長屋 北
（3軒長屋・1921年建築）

⑦風西長屋1
（2012年度改修）

②風西長屋2
（2008年度改修）

②風西長屋4
（2008年度改修）

外室

室1

室1

室1

間室

間室

間室

豊崎長屋 西
（4軒長屋・1925年建築）
2008年度第一期耐震補強（一棟）
2012年度第二期耐震補強

④南長屋
（2009年度改修）

間室　室1　室2　室3

豊崎長屋 南
（2軒長屋・1925年建築）
2009年度耐震補強（一棟）

SUEHIRO NAGAYA

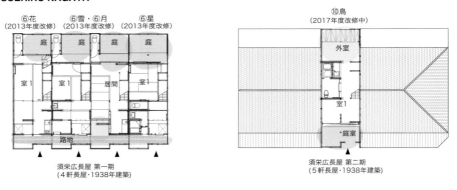

⑥花
（2013年度改修）

⑥雪・⑥月
（2013年度改修）

⑥星
（2013年度改修）

庭　庭　庭　庭

室1　室1　居間　室1

路地

須栄広長屋 第一期
（4軒長屋・1938年建築）

⑩鳥
（2017年度改修中）

外室

室1

庭室

須栄広長屋 第二期
（5軒長屋・1938年建築）

TOMONIWA NAGAYA

室3

室3

室2

室2

室1　室1

⑧ともにわ長屋
（4軒長屋・1924年建築）（2015年度改修）

YAMANOUCHI NAGAYA

（2016年度改修）

個室B　土間　個室D　土間

共用部

個室A　個室C

⑨山之内元町長屋
（2軒長屋・1930年建築）

図6-12 これまで市大モデルとして改修した長屋の平面図25住戸と現在工事中の2住戸の平面図

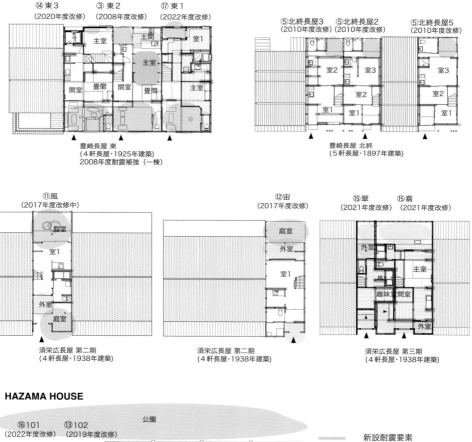

⑭ 東3
(2020年度改修)

③ 東2
(2008年度改修)

⑰ 東1
(2022年度改修)

主室

土間

室1

主室

間室 畳間 間室 畳間 主室

豊崎長屋 東
(4軒長屋・1925年建築)
2008年度耐震補強（一棟）

⑤ 北終長屋3
(2010年度改修)

⑤ 北終長屋2
(2010年度改修)

⑤ 北終長屋5
(2010年度改修)

室2 室3 室3

室2 室2

室1 室1 室1

豊崎長屋 北終
(5軒長屋・1897年建築)

⑪ 風
(2017年度改修中)

庭室

室1

外室

庭室

須栄広長屋 第二期
(4軒長屋・1938年建築)

⑫ 宙
(2017年度改修)

庭室

外室

室1

須栄広長屋 第二期
(4軒長屋・1938年建築)

⑮ 翠
(2021年度改修)

⑮ 翡
(2021年度改修)

外室

主室

趣味室 間室

外室

須栄広長屋 第三期
(4軒長屋・1938年建築)

HAZAMA HOUSE

公園

⑯ 101
(2022年度改修)

⑬ 102
(2019年度改修)

主室 主室

間室

土間

網島長屋
(6軒長屋・1931年建築)

―――――― 新設耐震要素

庭

設計：2007年-2013 竹原・小池研究室
　　　2013- 小池研究室＋ウズラボ

構造：桃李舎
施工：山本博工務店（⑬ ⑯ 以外）
施工：輝建設（⑬ ⑯）

豊崎長屋群

3部

次のステップ
──暮らしにひらくまちづくり

撮影：福田翠紀

7章 オープンナガヤ大阪編年記

7-1 オープンハウス・ロンドン

オープンハウス・ロンドン 2011

　毎年、そろそろ秋風が吹き始めるロンドン市内全域で、建築、住宅に関わる魅力的なイベントが開催される。

　オープンハウス・ロンドンという。

　筆者が訪れた 2011 年は、19 回目を迎え "The Liveable Cty" をテーマに、9月 17、18 両日、719 のプログラム（建物公開、近隣ウォーク、建築家による説明、ボートツアー等々）が開催された。

　ロイズビル、BT タワー、シティホールのようなランドマーク的な建築物から、

写真 7-1 再開発地区のまち歩き

庭園、小さな個人住宅まで実に多彩である。ちなみに住宅は 95 戸を数えた。

　同様なオープンハウスイベントは欧米を中心にニューヨークやヘルシンキ、バルセロナなど、2019 年では全世界 50 都市において開催され、新型コロナパンデミックを経ても、オープンハウスはワールドワイドな広がりを見せている。

　我が国においても建築などの一斉公開イベントは、大阪の「生きている建築ミュージアムフェスタ」、東京の「おおたオープンファクトリー」など、徐々に広がり始めている。

　「建築物も多彩なら、その見せ方も多彩である。歴史的建造物をめぐるオーソドックスなツアーが主流だが、テムズ川の船上から、橋やポンプ場といった土木構築物を、歴史的なものから最新鋭のものまで見学する、あるいは 2010 年に開通したばかりの鉄道に乗って真新しい技術と、リユースされたヴィクトリアンの線路などを見て回るエンジニアリングツアーなど、魅力的なツアーが満載である。クイズに答えて 2011 年 RIBA アワード受賞のタウン・ホール・ホテルに宿泊するといった素敵なイベントも企画された。ちなみにこのホテルは、1909 年に建築されたエドワーディアンの美しい旧庁舎を、外観と装飾をそのままに、内部にコンテンポラリーな空間を入れ込むことで、ホテルとアパートに改造した話題の建物である」（中嶋節子「季刊まちづくり 33 号」学芸出版社）

　一説によれば 20 万人を超えるといわれる人々に、建物のドアを開け迎え入れるという。こんな大規模で画期的なイベントが、日本で、とりわけ建築や住宅関係者にあまりというかほとんど知られていなかった。筆者自身この年の 7 月ごろまで全く知らなかった。こんな凄そうなイベントは一度現地に赴き、実際に見て、これを我が国に紹介する価値が絶対にあるはずだ、そして上手くすると日本の大都市、東京や大阪や京都でもできるのではないかと考えたわけである。

　オープンされる建築物（施設、プログラム）は何をどうオープンしてもよいが、非営利であり営業目的ではない。日本の住宅会社、ディベロッパーの「オープンハウス」と趣は異なっている。ただし、建築家が自分の作品を解説することはよく見られ、それがのちのちクライアントの獲得につながることは許容されているようである。ビジネスではなく、プロフェッションによる啓発活動とみなされている。

主催団体とサポーター

　主催団体は非営利団体の「Open City」で設立30年の歴史を持つ。スタッフは公式サイトの紹介写真で見る限り十数人ほどだが、このイベントを支えているのは700を超える不動産の所有者と関わる建築家・技術者、さらには約6,000人のボランティアである。サポートするバックの陣容も実に強力である。ロンドン市をはじめ30の行政区がサポーターであり、またBBCをはじめ18の企業もイベントのサポーターないしはスポンサーとなっている。いわばロンドン全体で支え取り組んでいるイベントといえる。

　この団体の目的は、第一に全ての人（素人の市民、専門家、役人、政治家……）が、人工環境（建築、まちなみ、都市）について、体験的に学び、創造的に対話し、社会的な議論を巻き起こすことであり、第二に政治家がデザインについて意思決定を行う時に役立つような、現場からの説得力に富んだアドバイスを与えることであり、第三に、個人、グループ、コミュニティ、それぞれのレベルの非専門家が新しい提案、政策、建設的な批評を理解することを助け、よいデザインをサポートするためのツールと言語を提供することである。

　年1回開催されるオープンハウス・ロンドン以外にも、年間を通じて展覧会、出版、ツアー、コミュニティ・イベント（731か所、25万人の参加）、専門家・学生・教師の訓練、調査研究、コンペと多彩な事業が開催されている。曰く「よいデザインは、精神を高める。オープン・シティの社会的使命の一つはデザインの質に関する啓発である」「コミュニティはオープン・シティのサポートによって、都市計画、都市デザインに多大な貢献をなすことができるようになる」

　つまり建築、都市のデザインの世界と市民、コミュニティをつなぐ、いわばメディエイター（仲介者）のような役割をこのNPOは担っているといえる。

どうやって行くか、たどり着くか

　飛行機でロンドンに行くということはさておき、このイベントを知るメディアとしてカラフルなガイドブック（写真7-3）が発行されている。Open Cityの公式サイトのShopで注文すれば入手できる。これでその年の全体像がわかる。なるべく早く全体に目を通し、自分の関心に従って読み込まねばならない。

　人気が高いイベントなどは予約がすぐ埋まるので、ぼやぼやしてはいられ

写真7-2 個人住宅
写真7-3 ガイドブック 2022
写真7-4 レストランの屋上庭園

ない。またマップも含め、ほとんどの情報はサイト上にもアップされている。
事務局では「このガイドブックが印刷された後も、さらに数十の寄稿者がプログ
ラムにリストを提出しています。そのため、このガイドとフェスティバルのウェ
ブサイトを照らし合わせて、旅程を決定してください」としている。iPhone、
iPad 用のアプリケーションも提供されている。情報が溢れており、自分のた
どりつきたい建物、プログラムになかなかたどりつくことができない。森の

入り道に迷ったような感覚に陥る。ここから抜け出して目的地に向かうためには、なるべく多くの仲間をつくり情報交換をすることがコツであろう。

　ガイドブックには建築、プログラムごとに、その概要、住所などが要領よく記され、ツアー等のイベントには予約が必要か否か、定員、時間などがわかる。車椅子可か、トイレはあるかなどアイコンで表示されている。最後に索引もついている。

　現地を訪れようとする時、我々非英語圏の外国人向けのナビゲーションがあるわけではない。さほど有名ではない建築や個人の住宅等にたどり着くのは、そうたやすいことではなかった。また、AtoZ というロンドンっ子には必須のマップは、我々には読み取りにくく何度も迷い、親切な通りがかった高齢の男女に教えてもらったのだが要領を得ず、また迷い、学生風の若者に聞いたら、スマホであっという間に現在地と目的地を示してくれた。

写真7-5 オープンハウスロンドンの掲示幕（撮影：小池志保子）

7-2 オープンナガヤ大阪

オープンハウス・ロンドンの魅力に、すっかり心を奪われた筆者は帰国後のある日、大学のゼミの先輩で、その時大阪市の副市長をやっておられた K さんにお会いする機会があったので、オープンハウス・ロンドンの話をした。「オープンハウス大阪をやりませんか」という私に、K さんは「ええ、いいですね。ぜひやりましょう……今度の選挙に勝ったらね」とおっしゃった。

結局そのときの話は実現しなかったので、筆者のできる範囲でオープンナガヤ大阪として開催することにした。

本節では、2011 年に、当時第 5 回目だった「豊崎長屋路地アート」と、第 1 回を同時開催し、2021 年で 11 回目を数えたオープンナガヤ大阪の各回の様子、経緯を振り返り、そこから得た成果と今後の課題、今後の方向を考察することとする。

オープンナガヤ大阪の豊崎長屋は 6 章で紹介のように、ここで大阪市大を中心に 2007 年から主屋 1 棟、長屋 5 棟 13 戸の耐震補強、改修工事を実施してきた。

オープンナガヤ大阪の当初の狙いは、豊崎で進めてきた長屋改修のいわゆる大阪市大モデルの普及にあったが、他の会場長屋が個性的で、それぞれの意図で企画を持つことから、統一テーマとして「暮らしびらき」を掲げ、大阪長屋と長屋暮らしの魅力を発信し、大阪長屋ファンを増やすということを掲げた。

イベントの内容は、後述するが多彩である。長屋の賃貸、売買の直接の営業行為は、差し控えて頂いている。

先立つイベント──豊崎長屋路地アート

「豊崎長屋路地アート」は 2007 年からはじめたイベントで、豊崎の長屋居住者とご近所の住民に対する長屋保全事業の紹介と協力へのお礼を主たる目的とし、講演会や落語の寄席、ミニコンサート、アートやカフェ等とさまざまな楽しい催しを開催した。また、2011 年からは長屋の福祉事業所利用である SAORI 豊崎長屋に、さをり織りの体験学習の協力もお願いして実施してきた。

イベントの内容・豊崎プラザの貴重性など多くの面において、来場者に喜

写真 7-6 路地にて

7-7

7-8

7-9

写真 7-7 ミニコンサートののれん
写真 7-8 落語ののれん
写真 7-9 フライヤー

ばれた。他の大家さんにとっても長屋改修に関する最新の情報に触れることができ、長屋の保全・活用の推進に大きく貢献できる可能性を持っていた。

　しかし住宅地であり、居住者のプライバシー保護の観点から、身内しか呼ぶことができないという課題があった。それでも、少なくとも7、80人、多い時は百数十人の参加者を得てきた。しかし、その内訳は居住者以外には学生や専門家が多く、肝心の他地区の大家さんたちに大胆に広報して参加してもらうことはできなかった。

7-3 初動期：2011〜

この10年の時期区分	初動期 2011〜	定着期 2014〜	発展・飛躍期 2016〜	変革期 2020〜

表7-1 各回の会場数、来場者数（のべ）の推移

回	1	2	3	4	5	6	7	8	9
年	2011	2012	2013	2014	2015	2016	2017	2018	2019
会場（件）	3（4）	15	20	18	28	40	41＋4	42+2	44＋3
来場者（人）	31	約500	約700	約1,100	1,928	3,244	3,500	4,687	約4,000

第10回は25会場が動画で参加、総再生回数は5,000回を越え、2日間14件のオンラインイベントは常時50〜100人の視聴があった。

第1回オープンナガヤ大阪2011

バスツアーのミニイベント

第1回は、2011年11月20日の開催だったが、主会場である豊崎長屋は、住宅であることから住所は公開できない、オープンしたいのにオープンできないというジレンマを抱えた。では、ということで完全予約制のバスツアーとし、3件の長屋を廻った。このため来場者は我々主催者側含めてたった31名であった……が、バスは満杯ではあった。

　この回は5-4で述べた大家さん・

写真7-10 バスツアー

須谷さんが参加されており、その後自身の長屋改修へと心を動かし、市大モデルの拡大へとつながるのだが、そのことを筆者はまだ知る由もなかった。

第2回オープンナガヤ大阪 2012

実行委員会なしでイベントがやれるか

2012年の11月17、18の両日、大阪市内15ヶ所において、第2回オープンナガヤ大阪2012を同時多発的に開催した。前年の来場者が31名だったのに対して、延べで500人を超える来場者があった。

大阪長屋を舞台にそれぞれの思いで日々活動している長屋事例は、用途、改修方法、所有者、立地等において多様なベクトルを持っている。これはそれぞれの条件を活かして、それぞれのスタイルで、勝手にやるしかない。予算も、公開の方式も、したがって来場者の募集も各々の会場が勝手にやり、来場者は自力でたどり着く……ただし開催日はおおよそ同じ日に設定し、商売ではなく、あくまで長屋の魅力を市民に伝えるために実際に見てもらい、体感してもらう。これらの点だけは共通に確認しておく、そんなイベントとして企画した。

この趣旨を電話で話すとほとんどの人は、瞬時にその意図、意義を理解してくれた。あとは連絡や広報はメール、Facebook（以下FB）、Twitterを用いて進める。一度も実行委員会を開催しないままなので、このイベントはメンバーの不安をかき立てながら進めることとなり、実にスリリングなイベントとなった。

当初、事務局は全く何もしないつもりだったが、公開長屋全体のマップづくり、統一のチラシづくり、会場前に共通で飾る「さをり織り」の暖簾の準備・配達などが必要となり、作業が一挙に増えた。元々の当研究室担当の非公開イベントである「豊崎長屋路地アート」や小池研究室の「須栄広四軒長屋お披露目：大家さん、いらっしゃ〜いプロジェクト」に関する企画、宣伝、参加者募集の作業も大詰めを迎えた。

前年の第1回と異なったのは、店舗など住所を公表できる長屋が多くあったことから広報にマスメディア（読売、朝日新聞2社）の協力を得ることができ、その掲載記事の効果には大きなものがあった。

第2回オープンナガヤ大阪の初日11月17日は、第1回と同様、ものすご

写真7-11 読売新聞掲載記事（2012年11月16日）

写真7-12 寺西長屋：地下鉄昭和町駅直近という立地を活かして、お洒落なレストランが並ぶ四戸1の長屋。公開時間は店が準備中の1時間のみで、あとは客として来店してくれることは歓迎というスタイル

写真7-13 阿倍野長屋

い土砂降りだった。雨の中を淡々と豊崎では第6回長屋路地アートも準備し開催した。オープンナガヤ全体では開催されたのは5地域15ヶ所である。阿倍野区の昭和町、阪南町エリアが6ヶ所と多いが、あとは環状線の南・北・西・中央とおおよそ大阪市内をバランスよくカバーしている。

阿倍野区の昭和町、阪南町エリア

阿倍野長屋：洋風応接間を持った規模の大きいお屋敷風長屋。よく維持管理され、竣工時からの面影を色濃く残している。普段は貸し会場として利用されている。

建築事務所「連・建築舎」と飲食店「はこべら」：ご夫婦で設計事務所と野菜料理のレストランをやっている長屋1戸。ここも客としての来店歓迎スタイル。

暮らし用品：阪南町の2棟8戸が綺麗に残っているお屋敷風長屋の1戸を現代和風に改修し、シンプルで洗練されたインテリアの、作家ものの器店。営業に邪魔にならない範囲で見学。

阪三長屋：市大による豊崎長屋の工事を担当したことによってすっかり大阪長屋の耐震改修工事のノウハウを身に付けた工務店による、その後の改修事例

写真7-14 はこべら

写真7-15 暮らし用品

であり、工事の相談に乗る姿が見られた。

j.Pod 耐震シェルター長屋：耐震リブフレームによってシェルターをつくり、長屋住戸のうちの一部屋の耐震化を図るという工事を行い、モデルルームとして日常的に公開している住戸である。長屋１棟全体について耐震補強工事をやろうとしても合意形成が非常に困難ななかでの、現実的というか苦肉の策の事例である。

写真7-16 阪三長屋

写真7-17 jPod長屋

写真7-18 空堀エリア

写真7-19 野田エリア

空堀エリア

　予約30名で、(土砂降りの中の) まち歩きと木のグッズを手作りするという
ワークショップ。

野田エリア

　明治から昭和戦前期までの長屋が揃っているアーカイブのようなまち福島
区野田では、地元に根付いたまちづくりのNPO「野田まちものがたり」が活

写真7-20 中崎町エリア 天人 (アマント)

躍している。ここでは長屋の内覧会ではなく、まち歩きスタイルのオープンナガヤが行われた……土砂降りの雨にもかかわらず。

中崎町エリア

カフェ「Salon de AManTo 天人」：ここではアースデイというイベントにちょっとオープンナガヤを割り込ませていただいたというスタイル。

市大モデルの豊崎エリア、寺田町エリア

豊崎長屋・須栄広四軒長屋：この２ヶ所は私たち大阪市大グループが担当した本拠地である。両日にわたって北区豊崎では第６回長屋路地アートを開催し、併行して２日目の午後は生野区の竣工間もない須栄広四軒長屋におけるお披露目の見学会と大家さん対象の相談会「大家さん、いらっしゃ～い」プロジェクトを開催した。以下にやや詳細を記す。

豊崎第６回長屋路地アート

長屋の大家さんが所有する主屋をはじめ長屋５戸において、見学会をしつつ、以下のようなアートイベントを開催した。主屋の座敷におけるお茶会、

写真7-21 豊崎長屋 路地

写真7-22 夜の豊崎長屋 さをり織り

写真7-23 寺田町須栄広長屋

豊崎写真展（改修前・改修の風景パネル展示）、　カフェ・アートスペース（フラワーアーティスト生け込み、音楽演奏）、筆者の市大の授業であるまちづくり演習の作品展示、陶芸教室：ふたもの展（ふたのある陶芸作品展示）、さをりひろば（ミサンガ織り体験）、路地の夕べ（サイリウム）。メインイベントの初日午後が豪雨であったにもかかわらず、計で110名を超える来場者を得ることができた。

須栄広4軒長屋

　前日の読売新聞大阪版に「イマドキ長屋暮らし　大阪市内11ヶ所　老朽化補修、美しく再生」という4段組み写真入りの大きな記事が掲載されたことが功を奏し、見学会と相談会は2日目の午後のみだったにもかかわらず、50名を超える来場者があった。マスメディアの力は大きい。ここは改修設計を担当した市大竹原・小池研究室の大学院生が4戸それぞれについて、長屋の特徴、改修設計のコンセプト、施工の苦労などを参加者に語り、質疑を受けていた。見学の後、土間の広い共用リビングで意見交換、相談会、懇親会を開催した。

　来場者の感想として、例年と同様、どこの会場でも長屋に対してたいへん

よい印象が持たれた。イベント中、空堀・中崎町では、参加者からの質問は主にソフトの話、その他の地域はハード（長屋建築）の話に対して質問が多かった。すなわち実際の長屋の内部を見せたり、専門家と回ると、長屋建物そのものへの評価が軒並み高かった。また、前回までのイベントと比較しても、長屋に対して肯定的な人の割合が最大となった。これより長屋建築啓発活動としてのオープンナガヤの有効性が確認できた。

　また、長屋改修の物件の多い阪南地域で、参加してもらった複数の長屋関係者の仲介者である不動産会社が、同じ丸順不動産だということがわかり、福島・野田地域でも店舗に改修し、保全して利活用させている複数の長屋事例も、不動産会社１社によるものだった。長屋保全に理解のある不動産会社との連携が今後の重要な課題として浮かび上がってきた。これは、前述しているが、本書の結論でも繰り返し述べている重要な点である。

第３回オープンナガヤ大阪 2013

暮らしびらき、月イチの実行委員会、記録集作成

　前年度の反省会であがった、「メール・電話のやりとりのみでは不安感がある」「イベントのコンセプトがあるほうが企画を立てやすい」などの意見を反映し、実行委員会を設立し、イベント全体のコンセプト【暮らしびらき】を設定した。また、大阪市立大学大学院生活科学研究科藤田研究室・小池研究室を当イベントの事務局とし、かつ外部との連絡の窓口とした。

　実行委員会は７月から月に１回のペースで行い、イベントの主旨の確認やチラシやガイドマップのデザインについての議論、各会場でのプログラムの共有、事務局での議論の内容を報告する場とした。

　さらに、飲食店の会場では「一般客の接客が忙しく、イベントの来場者を優先して対応することができない」という店側の意見を考慮して、当日は巡回スタッフ（学生ボランティア）を配備した。新たに公式ホームページも開設、イベントのロゴ、イベントのガイドマップ、イベントへの来場者と一般の方を区別するためのシールの作成を行った。イベントの企画、準備の作業がスマートに整備された時期といえる。

　2013年度から公的機関である大阪市立住まい情報センターにも共催という形で運営に携わっていただき、予約が必要なイベントの予約ページの作成や、

地下鉄の駅などへガイドマップの配架を担ってもらった。

プレイベントとして豊崎長屋のうちの1軒を公開し、解説会を行った。

2012年度は主催者側から会場に参加を依頼する形を採用していたが、2013年度は会場側からの「応募」制を採用した。参加が決定した会場が近隣の長屋にも声掛けを行ってもらったため会場数が増加した。8区20ヶ所の開催で来場者は延べ700人であった。

当日は会場のサポートを行うボランティアの学生とエリアごとに巡回スタッフを配置し、会場までの案内、会場とのコミュニケーションなどをはかった。

11月23、24日両日とも天候に恵まれ、会場によっては即席の改修相談会などを行うところもあった。

シェアアトリエとして部屋を使用してくれる人を募集していた会場では、イベント終了後になんと5組もの借り手が決まり、その後借り手自らが改修し、2014年度のイベントでは、それぞれの借り手が多様な企画を行った。

イベント終了後には、オープンナガヤ大阪の取り組みを1冊の記録集にまとめた。これはその後毎年継続して発行しており、リアルな印刷物は実に有効であることが実感される。

7-4 定着期：2014〜

第4回オープンナガヤ大阪2014

大学広報、多様な企画、Twitter

11月8、9日に開催した。前年同様、実行委員会を立ち上げ、イベントまでに7月から月1回程度のペースで実行委員会の会議を行った。この年度は前年度とは異なり、各会場の写真や見所、イチオシポイントをPV（スライドショー）に編集し、YouTubeで公開した。

また、大阪市立大学からプレスリリースを行うなど、広報に力を入れた。その結果、雑誌、マスメディア（新聞の2社）から取材依頼があり、イベントの存在が一般の市民に知れ渡った。また、当イベントについて語るラジオ番組も現れ、前年度よりも多くの媒体に取り上げられることとなった。結果として、「地図はどこにあるのか」「最寄りの長屋を教えてほしい」など連日の

写真7-24 フライヤー 2014

ように問い合わせがあった。イベント当日も、会場の場所を尋ねる問い合わせがあり、多くの市民に興味を持ってもらえるイベントになってきた。

　当日は小池研究室が行っているナガヤ改修プロジェクトでの改修前のナガヤを公開し、改修相談会や内覧会などを実施した。また、豊崎長屋主屋では、内覧に加え解説会などを行い、ナガヤに関する知識を深める企画を行った。そのほかの会場では、現代のライフスタイルに合わせた長屋の活用の仕方を参加者に見てもらったり、茶の席を設けたり、壁塗りワークショップやまち歩きを行うなど、内覧以外の企画も多様で充実したものとなった。また、中崎町一帯で災害に備えた防災マップをつくる大規模なワークショップも開催され、木造密集地域における避難経路や危険なポイントの確認を行うことで、防災の意識を啓発するよい機会になった。

　イベント初日は、天候にも恵まれ、各会場の来場者も前年を上回るものであった。2日目はあいにくの雨であったが、前年と同程度の来場者であった。

　運営スタッフは Twitter を使って情報発信を行った。文末に #opennagaya をつけてつぶやくことをルールとした。これによりリアルタイムでの情報が得られ、他会場の様子なども知ることができた。また、来場者も同様に #opennagaya をつけてつぶやいたので、その効果はより拡大した。

オープンナガヤ大阪 2014 は 7 区 18 ヶ所で開催され、来場者は 2 日間で延べ千名を超えたものと思われる。

来場者は、建築・不動産関係者や建築を勉強している学生だけではなく、一般の方も多数参加していたことがイベントのアンケート結果からわかった。なかには「昔、祖父の家が長屋で懐かしかった」などといった感想も書かれてあり、イベントでナガヤの魅力が伝わっただけでなく、過去を思い出している方もいた。

多くのナガヤ関係者と関わったことで、筆者自身も「ナガヤ」の価値を再確認することができた。イベントの参加者だけでなく、運営に携わった者にとっても楽しく、有意義な時間となった。

第5回オープンナガヤ大阪 2015
設計事務所の参加、長屋居住文化研究会のプッシュ

11 月 28、29 日に第 5 回となるオープンナガヤ大阪 2015 を開催した。長屋の内覧会、説明会やまち歩き等の企画が、10 区 28 会場で 34 プログラム開催された。

10 区とは大阪市の北、福島、中央、城東、住吉、住之江、阿倍野、生野、平野、堺市の堺区である。来場者はざっと見積もってのべ 2 千人。前年ののべ千人 + α から一挙に増えた。会場数が倍以上になったことも大きいが、イベントとして定着し発展してきたといえる。来場者はフライヤー、ガイドマップ、口コミ、新聞、FB、大阪市立住まい情報センターの住まい・まちづくりネットなど様々な媒体によって、情報を得て参加している。当日は、天候にも恵まれ、絶好のまち歩き日和となった。会場へ近づくにつれマップを片手に持った人々がすれ違い、お互いに道を教え合ったりしていた。各会場を廻る学生サポーターの姿も目立った。

両日でのべ 50 人以上の学生が、さをり織りのワッペンを胸につけ、カメラと道具一式を持ち、笑顔で廻っていた。学生パワーで大いに盛り上がった。

この年新たに参加した会場ではカフェ、レストラン、物販など以外に 3 ヶ所の建築設計事務所が加わったのが特徴である。この分野で今後輪が広がっていくことが予想された。また会場の実行委員が知り合いの長屋居住者を招き、次年度は会場として参加するようにと勧誘する場面も見られた。ここで

も、ネットワーカーとしての長屋人（ながやびと）の姿が確認された。

　来場者は、事前には長屋について、「古い、暗い、住みにくそう」と思っていたのが、事後は「明るい、お洒落、住みやすそう」と評価は大きく向上している。このイベントの一番の成果と言っていい。

　しかし、このときに行った「プレイベント——オープンナガヤウィーク」は失敗に終わった。毎回各会場の実行委員が、オープンナガヤ当日他所の長屋を見ることができない、また学生サポーターが、長屋というものがどうなっているのかわかっておらず、来場者から質問されてもうまく答えられない、ということに対して、彼らが事前に各長屋を廻って、知識を増やすように考え、事前の１週間の見学可能期間を設定したイベントである。

　各会場から、訪問可能な日時を申告してもらい、関係者は勝手に回るというイベントで、筆者は２日間で７ヶ所廻ったが、各長屋には思いのほか参加者が少なく、狙い通りにはいかなかった。

7-5 発展・飛躍期：2016 〜

第６回オープンナガヤ大阪 2016

メディア、通年マップ、スクール、オープンミーティング

　第６回目となるオープンナガヤ大阪は、2016 年 11 月 12、13 日に開催した。前回の 28 会場 30 数戸から 40 会場、50 戸以上オープンされ、来場者ものべで 3,244 人という規模となった。これは市大の広報、マスコミ、ソーシャルメディアの力が大きかったが、年１回のイベントにとどめず通年で使えるガイド

写真 7-25 オープンナガヤ 2016 のフライヤー

写真 7-26 同ガイドマップ

マップを早々とつくったり、事前
に5回にわたるオープンナガヤス
クールを開催したり、実行委員会
をオープンにしたことも、大きな
要因ではないだろうか。

写真7-27 実行委員会の様子

　今回も「暮らしびらき」すなわ
ち大阪長屋と長屋暮らしの魅力を
発信し、保全活用を進めるという
趣旨で、会場は大阪市内9区と八
尾、堺に広がり、店舗（飲食、物販）、アトリエ、事務所、レンタルスペースそ
して住居という会場で、内覧、相談会、講演、漫談、落語、図面や作品の展示、
まち歩きなど、会場ごとに工夫を凝らした多様なイベントが繰り広げられた。

　13日のクロージング・イベントでは、来場者の方々から「ガイドマップが
凄い。見ているだけで歩きまわった気になる」「スタッフが楽しそう」「長屋
に住みたい」「大家だが、これから耐震の勉強をしたい。若々しいデザインの
改修を見て感激した。ビジネスとしての未来を感じた」「古いものと新しいも
のが上手く調和している」等々嬉しい感想をいただいた。

第7回オープンナガヤ大阪 2017

テーマ別スクール4回、シンポジウム2回

　11月11、12日と開催した。4回開催したオープンナガヤスクールは、テー
マを長屋に加えて、福祉、耐震、お風呂、リノベーション、シェア、ものづ
くりといった多様なテーマをセットで取り上げ、開催した。また大阪と横浜
で開催したオープンナガヤシンポジウムは、大阪市立大学のこれまでの長屋
研究の成果をまとめ、多くの市民、関係者へ発表することを企図した。

第8回オープンナガヤ大阪 2018

会場42件、来場者のべ4,687人で最大

　11月10、11日に開催した。参加会場42件＋まち歩き2件、来場者のべ4,687
人と、これまでで最大規模になった。発展し、さらに飛躍したといってよい
だろう。本部である豊崎長屋主屋では、初日にはオープニングイベントと建

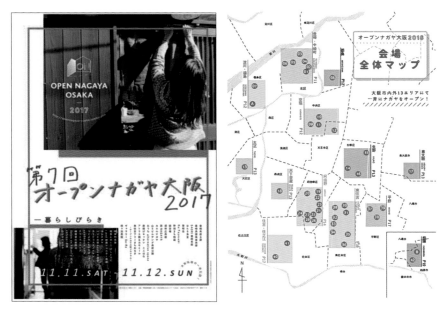

写真7-28　オープンナガヤ大阪2017フライヤー

図7-1 参加会場MAP 2018

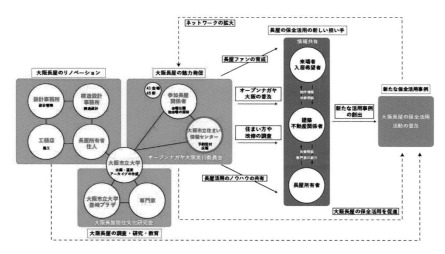

図7-2 組織体制 ネットワーク2018

築士会主催の近畿建築士セミナー、2日目にはクロージングイベントが開催され、その合間に計4回の豊崎ツアーも開催され、計二百数十人の来場者があった。SAORI豊崎長屋では体験織りが40分待ちと大盛況だった。

写真7-29 SAORI豊崎長屋

　第7回、第8回と規模の大きな長屋が目立った。ヨリドコ大正メイキン（写真7-30）と路地再生複合施設一宰(つかさ)（写真7-31）は、いわゆる戦後重層長屋とよばれるもので、1階と2階は別の世帯が住み、1階に玄関が並ぶのが特徴。戦後の住宅難を背景とした、各住戸は小規模だが一棟あたりの戸数が多い長屋である。○○文化という名前が多い。後の高度経済成長期の文化住宅とまちがえられやすいが、別物である。

　キタの北ナガヤ（写真7-32）は戦前長屋だが、8戸と規模が大きく、露地庭市というフリマを同時開催していたため、来場者が数百人規模になった。出店されている品物も可愛い。センスのいい人は、センスのいい人たちを呼ぶ。ハイセンス・ネットワークである。

　これらのタイプの長屋は、小さな部屋が並ぶので、シェアアトリエ、シェアオフィス、シェアショップ、複合施設に向いている。シェアというのは、シェアリング・エコノミーという言葉に代表されるように、最近の世の中の大きな流れのひとつである。

写真7-30　ヨリドコ大正メイキン

写真7-31　宰（つかさ）

写真7-32 キタの北ナガヤ

写真7-33 LVDB BOOKS

いろいろなイベントをやる個性的な長屋が増えた

　LVDB BOOKS（写真7-33）は、ユニークな本屋なのだが、大作の絵画を展示し、またミニコンサートも開催。ギャラリー紬（写真7-34）では、にぎやかな半畳プチマーケット。カエルナガヤ（写真7-35）は、シェアアトリエ＋長屋だが、当日はギャラリー、写真展、マーケットなどの開催、アトリエ観＆カ

写真7-34 ギャラリー紬

写真7-35 カエルナガヤ（撮影：柳川映子）

写真7-36 アトリエ観&カモミール

写真7-37 桃ヶ池長屋

モミール（写真7-36）は平素からのアトリエ＋ギャラリー。桃ヶ池長屋（写真7-37）は、4軒長屋と道を挟んだ2軒長屋で、飲食、雑貨、植物、設計事務所と多彩。夜、独自にオープン桃ヶ池をやったところ、超満員となったそうだ。

　オープンナガヤがきっかけとなり、いわば地域へ長屋がオープンとなり、地域とのつながりが生まれ、コミュニティの形成に役立っている。以下にその事例をあげる。

　近畿大学の建築学科の学生グループ「あきばこ家」によって改修された「ながせのながや（写真7-38）」は、2階を住居、1階をサロンとし、地域の居場所づくりを進めた結果、地元の人たちが集まり井戸端会議が始まった。

　「生活科学研究科の大学院生が設計に携わった長屋『狭間ハウス（写真7-39）』の内覧会では、来場者は生まれ変わった長屋の内部をじっくり見学し、デザインをした学生やオーナーの話を熱心に聞いていました」（行田夏希）。

　工事中気にしていた近所の人たちが覗きにきて、お披露目のようになった。目立つところで工事をやると、あるきっかけで地域との交流が始まる。

写真 7-38 ながせのながや

写真 7-39 狭間ハウス（撮影：行田夏希）

写真 7-40 龍造寺Lab造（みやつこ）

写真 7-41 翠明荘

　空堀で長屋を再生する会社：長屋すとっくばんくねっとわーく企業組合が、「萌・練・惣」に続く第 4 弾として手がけた「龍造寺 Lab 造（写真 7-40）」は、3 軒の長屋をコワーキングスペース付きの、お洒落なシェアオフィスに改修。2019 年 1 月段階では、33 人の会員が利用していた。自分も長屋を改修したので見せたいという高齢女性が突然現れ、仲良くなった。

　近所の作家が迫力ある作品を展示してくれた翠明荘（写真 7-41）も、8 室の小部屋のシェアオフィス＆アトリエ。オープンナガヤでは、「オープン」と「シェア」がキーワードになっている。

　飲食店では、店長は客への対応が忙しくて、オープンナガヤ対応が難しい。それに対して、雑貨店、書店など物販は店長が比較的余裕があるので、対応が容易かもしれない。また改修工事が完了し、あるいは工事中で、その解説が目的の長屋は、オープンナガヤの主旨に合っており、やりやすい。特に建築家が自宅を改修した場合は、設計者と生活者の両面から説得力のある解説がされるため、来場者の満足度も上がる。

写真7-42 Re:Toyosaki

写真7-43 ヨシナガヤ（撮影：粟田美樹）

　Re:Toyosaki（写真7-42）は、2階建ての長屋を耐震補強、断熱改修を行い、インテリアは白を基調としている。建築家である御主人が改修設計した住居兼設計事務所である。ヨシナガヤも、建築家による住居兼設計事務所改修事

例だが、戦前の平屋の2軒長屋の一軒で、大胆なワンルーム。隣との界壁は全面が本棚で、御主人が登ってみせてくれる（写真7-43）。

　暮らしびらきを、イベント当日にやれるか否か、すなわちオープンにできるか否か, 容易か困難かは、こうした会場の種類、条件によって異なり、画一的で同一レベルでオープンすることは難しいのである。

　第7回まで、40以上の会場とその担当者である実行委員への連絡や各種の対応などは、実質的に事務局長である大学院生一人に集中することになってしまい、作業量は膨大だった。そのため、やり取りに若干の支障が出て、トラブル寸前までいったこともあった。

　その点を反省し、第8回では、実行委員の中から積極的な数人に、エリア代表長屋という名のグループのまとめ役を依頼して、連絡や物のやり取りの核となってもらった。これは狙い通り、事務局の仕事を大幅に合理化したが、同時にエリアのグループ内の実行委員間のコミュニケーションが高まったと、評価が高かった。つまり、顔の見える範囲で、いわばエリア長屋コミュニティができたのではないかと思われる。

　写真7-44は、実行委員会の打ち上げの様子である。皆いい笑顔であり、このイベントがどういうものであったかを、端的に表しているのではないだろうか。写真の打ち上げの会場は、大阪市大モデルのひとつである嶋屋喜兵衛商店。旧熊野街道の住之江区安立商店街に面する築約100年の町家である。

　第7回、第8回のオープンナガヤ実行委員会は、オープンミーティングと称して、誰でも参加していいという形式で開催した。実行委員は原則として会場となる長屋の居住者や大家さんだが、オープンミーティングであるので制限をつけず、長屋に関心を持っている人、勉強している学生などもいいとした。これによって裾野が広がり、口コミでオープンナガヤへの来場者が増えたものと考えられる。

写真7-44 実行委員会の打ち上げ

第9回　オープンナガヤ 2019

会場 44 件、来場者のべ 4 千人以上

　11 月 16、17 日に開催した第 9 回も、前回前々回に引き続き、大規模で複合的な長屋での「シェア」という使われ方が特徴的であった。シェアハウスのみならず、シェアオフィス、シェアアトリエ、シェアキッチンなど、時間的、空間的、さらに部分的なシェアも見られた。

　長屋はもともとシェアと親和性が高いのだが、こうした多様なシェアによって、日常的な出会い、交流が生まれている。いわば日常的なオープンナガヤである。

　さらに、これを「支え合い」の運動に発展させるという社会的ミッションを掲げる長屋も現れた。また建築家たちのグループが、オープンナガヤと並行して、オープン空きナガヤというイベントを立ち上げた。これも空き家問題を解決するというミッションを掲げており、オープンナガヤのこれからのひとつの方向として、大阪長屋の「暮らしびらき」にとどまらず、このようないくつかの社会的ミッションとのコラボが考えられ、それによってオープンナガヤはより一層豊かなイベントとなる……その先駆けが見えたということも第 9 回の成果である。

7-6 変革期：2020 〜

第 10 回オープンナガヤ大阪 2020

　2020 年は 11 月 14、15 日と開催した。新型コロナ禍におけるイベント開催である。全国いや全世界で、イベントを開催する団体は皆困り、何とかしようと苦闘している。我々も早い時期から、今年はオンラインでやらざるを得ない、いやオンラインだからこそできることをやろうじゃないかと、決意した。

　これまでの 9 回のノウハウの蓄積を脇に置いておき、全く新しいことに挑戦する。学生諸君も、教員もまったく未知の世界への挑戦だった。

　この 2 日間、25 の参加長屋の Youtube のオンデマンドの動画「長屋めぐり」と、Zoom での「長屋ライブ」の 2 本立てで実施し、この組み立てがよかったと評価できる。「ライブ」の休憩時間に「めぐり」を観ることができた。

　「長屋めぐり」を観ては、行ったことがない長屋には「今度行ってみたい

写真7-45 オープニング

な」と思い、何度も行ったことがありよく知っていると思っていた長屋に
「知らないことがあった」ということに気づき、驚いた。

　ライブでは、台湾からの「ツアー配信」、東京からの講演、各参加長屋から
の多彩な個性的なプログラム……音楽会、風呂敷、餅つきなどというものも
あり、長屋で営まれている文化、豊かな暮らしを垣間見ることができた。

　オンラインということで、慣れずに、映像や音声がうまくいかなかったこ
とも少しあったが、大体数分で何とかなり、「皆で乗り越えた」感があった。

　今回の視聴者が実数で何人になったかは定かではないが、25件の長屋めぐ
りはそれぞれ百数十回の視聴があり、2日間15件の長屋ライブは各瞬間では
あるが20〜50人が視聴中であった。正確にはわからないが、のべでは相当
な人数になった。

　この回はオンラインで開催したわけだが、その成果として、オンラインで
かなりのことができる、そしてオンラインならではのことができるというこ
とを実証できた。

　同時にリアルなものの価値を再確認したこともある。それはフライヤーの作
成で、当初は、オンラインにこだわり、リアルなフライヤー、ガイドマップは
つくらないと決めていたのだが、途中でせめてフライヤーぐらいは欲しいねと
なり、急遽作成して配布したところ、「ああ、今年もやるんですね」と大変喜
ばれ、リアルなものは、たとえささやかでもピカッと光るのだと得心した。

また、このイベントは、暮らしびらきによって、大阪長屋と長屋ぐらしの魅力を体験、体感してもらうというコンセプトだが、実はこれは今ちまたで話題になっている、UX（User Experience：経験価値）「製品やサービスからユーザーが受ける価値のある体験」を来場者に提供しているということに気がついた。さらに今年度はオンライン、オンデマンドで開催したということから、DX（Digital Transformation：デジタル変容）「データとデジタル技術を活用したサービスの変革」のほんの小さな一歩でもあった。オープンナガヤ大阪は時代の大きな流れの中に巻き込まれている。

　さて今後のオープンナガヤの進め方だが、新型コロナパンデミックの行方にもよるが、収束した際には出来だけリアルにこだわったプログラムを目指すが、その中に一部分オンラインを組み込み、ハイブリッドな時空を超えた立体的なイベントとする……という方向ではないだろうか。

7-7 オープンナガヤ大阪の成果

　次のような点があげられる。

① 魅力的な長屋、長屋人を発掘し、参加長屋を増やし、質量ともにオープンナガヤ・イベントを発展させた。

② のべ数千人規模の来場者を獲得し、大阪長屋ファンをひろげた。

③ 実行委員会をオープンミーティングとし、長屋人ネットワークを形成し、発展させた。エリア担当を設け、ネットワークを組織化した。

④ イベントのノウハウを持った強力な学生スタッフ集団を育成した。さらにオンラインイベントにトライし、成功させ、このノウハウも獲得した。

⑤ 大阪長屋に関する UX 化、DX 化を（ほんの少し）進めた。

⑥ 長屋の改修事例が増え、かつ耐震化も進んだ、といえるか、課題である。

・市大モデル計 13 棟 23 戸の実現（豊崎長屋、須栄広長屋〈1 期、2 期〉、嶋屋喜兵衛商店、山之内元町長屋、ともにわ長屋）

・数人の建築家による改修事例

・新規参加長屋が毎回十数戸

⑦ 「大阪長屋の保全・活用情報を発信する『オープンナガヤ大阪』の連続開催」というタイトルで、都市住宅学会の 2019 年度業績賞を受賞した。

写真 7-46 アベノ洋風長屋

ソーシャルメディアがもたらす効果——Facebook は使えるか

　私の研究室ではソーシャルメディアがまちづくりに如何なる効果、影響を
もたらすかという研究テーマを掲げていた。本来ならば地域密着型の SNS を
用いるところであるが、残念ながらその条件がなくなったため、前述したよ
うに FB にページ「オープンナガヤ大阪」を立ち上げ、本イベントの広報や
情報交換、アーカイブ作製等を行った。コンテンツとして、各長屋の特徴や、
オープン時間、地図やチラシを本番までに 1 日 2 回から 3 回、主に写真と、近
況のできごとを載せて更新した。ページへのアクセスの計測等は FB の機能で
ある EXCEL データ抽出機能を利用した。さらに Twitter のアカウント「オー
プンナガヤ大阪」を取得し、FB ページとの相互リンクを貼った。

　第 8 回では 10 月 3 日から 11 月 18 日までの 45 日間で、投稿回数は 99 回行
われ、合計 275 人の FB ページへの「いいね！」を獲得した。

　まず、各長屋会場関係者の FB の利用率は 9 割を超え、FB ページ利用もあ
り、積極的に SNS を使っていることがわかった。つまり長屋ネットワーク構
築において、情報の共有という点で可能性があるといえる。

　さらに、ページに「いいね！」を押してもらった人の性別・年齢別の割
合をみると、特に性別に差異はなく、年齢にのみ注目すると、25-34、35-
44、45-54 世代が多いことがわかる。特に 35-44 世代が多く、FB という性格
上、もっと若い世代で流行していることを反映するのではないかという予想
を覆す傾向が出た。さらに、この社会実験が大学の名前を出して行われた以
上、必然的に 18-24 世代が多くなると考えたが、それを補ってなおほかの世
代の割合が目立つことがわかり、大家さんがいる中高年を狙った広告に充分

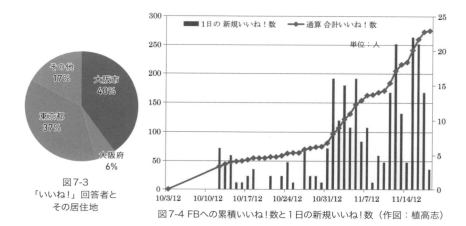

図7-3
「いいね!」回答者と
その居住地

図7-4 FBへの累積いいね!数と1日の新規いいね!数（作図：植高志）

使えることがわかる。

　また、先行研究でいわれていた長屋の価値に対する認識の低さだが、大阪市でのイベントにもかかわらず、東京ほか、大阪以外からの「いいね!」が目立った。これは大阪型近代長屋が、他地域からも魅力的なものに見えるようになったということにほかならない。

　広告効果に関しては、ページを見た人数および、その人が1日のFBページ投稿を見た人の「いいね!」の数を示したものだが、イベント直前が最大の盛り上がりを見せ、「いいね!」の数は1日250人を超えた。

　以上、FBの可能性を述べてきたが、ここへ来ていわゆるZ世代はFacebookをあまり使わないといわれていることに気づいた。2022年現在、Z世代とは、おおむね10代半ばから20代半ばを指すと言われているが、ある調査によれば、彼らがよく使うソーシャルメディアは、「「YouTube」で54.6%。それに続くのが「Instagram」の36.1%、「LINE」が35.6%」と拮抗した。「Twitter」は4番目で26.1%で、「TikTok」は17.3％。」(https://netshop.impress.co.jp/node/9437)となり、Facebookは名称も入っていない。親や祖父母が使っているFacebookは、それだけでクールではなく、古臭いというのである。ソーシャルメディア戦略を練り直す必要がある。

　以上の考察は、私個人に関することで、Z世代のオープンナガヤ学生スタッフたちは、YouTubeによる情報発信を多用していることに思い至った。戦略を練り直す必要はないのか。

8章 長屋再生の KEY、ネットワークと情報

8-1 オープンナガヤから長屋ネットワークへ

　大阪長屋を上手く保全し、活用している事例を発掘し、その魅力を多くの人に広げることで、さらに保全・活用の輪を広げる……これがオープンナガヤの狙いである。ここで気をつけないといけないことは、長屋は空間であり舞台であり手段であるということ。もちろん空間の持つ力、魅力が大事なのだが、一番大事なものは、そこで繰り広げられる暮らしや商い、すなわち生活であり、なによりもその担い手「人」なのである。人が動かなければ、物事は動かない。人が動けば、物事は進む。

　長屋所有者、居住者、入居希望者、専門家、業者など、関わる人々が、大阪長屋の保全・活用の事例を見て「豊かさ」を確信し、動き出す、その契機となることが、オープンナガヤのミッションである。

　大阪長屋の保全・活用は、実のところ課題が山積みである。耐震・防火、デザイン、施工といった技術や法律（消防、既存不適格、大規模の修繕、用途変更）、不動産・金融・税制、相続、空家（チャンスと問題の2側面を持つ）、近隣問題、所有者店子間のトラブルなど、突破すべき隘路は多く、組織的、系統的に研究し、情報交換し、学び合う場が求められている。年1回のオープンナガヤ大阪はひとつの山場ではあるが、ここで出来つつある大阪長屋ネットワークが恒常的に、情報交換し学び合う場となっていくことが期待される。

　目を転じて、大阪の都市再生を展望した時、大阪中心部では毎年秋に、「船場博覧会」、「生きた建築ミュージアムフェスティバル」のように大阪における魅力的な他の建築物などの一斉公開イベントも行われている。主催者や規模、その狙いはやや異なるが、建築環境デザインの価値の共有、啓発という点では共通性がある。また長屋や町家を舞台に小規模で自然発生的な支え合い的な市（いわばオープンマーケット）も年間を通して数件開催されつつある。

お互いの会場にフライヤーやマップを置き合うとか、ウェブ上でリンクを貼り合うといったゆるやかな協働はすぐにでも可能である。

8-2　大阪市大モデルの意義

くり返し述べているように、まちづくりの鍵を握っているのは「人」であり、大阪長屋再生の鍵も人である。

空間の持つ力はもちろん大きい。伝統的な意匠を持ち、木造という自然素材の長屋の建物には、新しい現代住宅とは違う魅力がある。また複数棟の長屋が軒を連ね、緑豊かな路地を囲んでいる風景もただそれだけで価値がある。

行政がある施策を進めようとするとき、その対象の数が膨大である場合、事業の可能性、施策の費用対効果の面から、優先順位という言葉が出てくることは普通の発想である。とすると、一見して残す価値があると見なされる外観の美しい長屋の順位が高くなる。またそれらがある数まとまっている街区があれば、より順位は高くなるだろう。前者を大阪市都市整備局は「優良長屋」と定義付け、その分布を把握する調査を実施した。後者については筆者の研究室で調査し、大阪型近代長屋スポットと名付け、市内4区について分布をつかんだ。

しかし、これらはいずれも保全する価値を空間面から見ており、この長屋、この長屋スポットを保全できたらいいなという希望的な観測にしかすぎない。

豊崎で最初の年に取り組んだのは、長屋街の主屋と1戸の長屋住戸であった。この長屋は外観を見てもとても優良とはいえず、内部も荒れており、畳は波打ち、2階の床は揺れた。しかしこれが見事に蘇ったのである。残す価値がほとんどないと見なされるような長屋も、構造上も耐震補強され、安全・安心で、内装も綺麗で快適になり、現代の若者好みのお洒落な住戸として生まれ変わったのである。

これは、第一に大家さんの決断が大きい。もちろんその背中を後押しし、企画、計画、設計した我々専門家集団、施工に携わった大工、工務店そして大いに頑張ってくれた学生諸君の存在もあるが、実際に工事費を負担し、その後の不動産経営を担う大家さんの経済状況と、一歩足を踏み出す「勇気」が最も大きな要因だ。

この住戸は、大阪中にある普通のレベルであった、いやそれより低いレベルだったかもしれない長屋が、素晴らしく再生されたという点で特筆すべきひとつのモデルである。

大家さんがその気になり動き出せば、ほとんどの長屋はオシャレに、安全・安心に再生され得るという可能性を示した点に、大阪市大豊崎モデルの意義がある。

8-3　創造的不動産情報

大阪長屋の現状を直近の住宅統計調査結果より見ると、数年前まで6千数百棟、1万数千戸といわれていた大阪型近代長屋（戦前長屋）が、急速に減少し、現在1万戸を切る事態となっている。放っておけば、大阪長屋は姿を消してしまう。

一方で長屋保全活用の先進的な事例をみると、こだわりのライフスタイルで仕事、暮らしを実現しようとして、結果的に長屋にたどり着いた人々……その結果、予想以上の展開に喜んでいる長屋人たちが見えてきた。

そこには大家さんたちの勇気ある決断があり、その背中を押した人々がいる。専門家、大工、工務店、不動産屋、行政、背中を押す人……英語では何と言うのだろう、encouragerだろうか。大家さんたちが決断した契機は、実のところお金すなわち将来への経済的な見通しが見えたときである。

こだわりの大家さん、こだわりの入居希望者へ、安心で、ワクワクする情報、いわば「生き生き長屋情報」の提供が、彼らの心をつかみ、動かす。これは暮らしが、そして人生がどう展開するか、どう夢が叶うかという生き生きとしたイメージを沸き立たせる、創り出す情報であるので、一般化すると「創造的不動産情報」となる。これがまちづくりの重要なキーワードとなるのではないか。

ここにまちの価値を高めるというミッションを持った不動産屋（まちづくり的不動産屋）が現れると、ことは一気に進む。それは、「生き生きした長屋情報」は文字、ウェブ情報では、なかなか伝わらず、実際の空間を見て、住まい手の話を聞き、笑顔を見て、その暮らしに触れることが不可欠であるからである。そのつなぎ手としての不動産屋であり、ふと鏡を見るように、これ

までの自分たちを振り返ると、我々大阪市大の長屋研究グループも実はそれに近いことをやってきたのではないかと思われる。

8-4　市民による自主ネットワーク

　実は「生き生き長屋情報」を多くの市民に提供する場として、オープンナガヤ大阪を我々は開催してきた。「暮らしびらき」というテーマで。しかし、1年に1回のイベントであるので、日常的にオーナー、入居希望者の背中を押す仕掛けが必要である。

　こうした動きを担う主体として、大阪長屋の保全ネットワークをつくることがとても大事な課題である。京都、奈良の町家ネットワークを見ると、大阪で現在構築できていないネットワークの分野、領域が見えてくる。まちづくりNPO、行政、金融、不動産……そうした主体に提案し、連携を目標とした仕掛け（イベント、連携）が必要であろう。大阪長屋ネットワークの構築は、市民レベルではオープンナガヤによって進めていくことがある程度できる。オープンナガヤの実行委員会を開催すると、公開のオープンミーティング形式でやり始めたこともあり、新しい参加者も含め毎回40〜50人が集まるようになってきた。交流タイムには名刺交換がなされ、様々な情報が飛び交っている。大阪長屋の市民ネットワークが出来上がり、成長しているといえる。

　この特徴は、市民が対等平等な立場で、支え合い、高め合い、かつ自主的にネットワーカーとなり、ネットワークを広げていることである。

　あるメンバーは、自主的に関連イベントを企画、開催し、他のメンバーもこれを自主的に広報してくれる。自主的支え合いのまちづくり的なネットワークの姿をここに見ることができる。

　ただし、大阪全体に認知されるような、京都、奈良と並ぶような、各業界団体などを広くカバーするネットワークをつくるには、大阪市などの行政が本気で取り組まなければうまくは進まないことは自明である。

8-5 通年化、多角化の試み ── 新たな挑戦

　これまで述べたようにオープンナガヤを１年に１回開催している。大阪長屋の保全・活用の波を広げていくには、年１回のイベントでは力不足である。日常的、恒常的に、大阪長屋の可能性と長屋暮らしの魅力を、所有者、入居希望者に体感してもらえる仕掛けが必要である。

　例えば長屋街のまち歩き、マップ片手に長屋のお店探検、長屋暮らしの体感ツアー、改修工事の現場見学会、大家さんや居住者のための相談会……2016 年度は計６回、2017 年度は４回開催されたオープンナガヤスクールが、その仕掛けである。毎回テーマを設定し、ナガヤと○○（サブテーマ）と銘打ち、おおよそ 20 名の定員で公募する。

　2017 年 8 月 6 日に開催された第 8 回オープンナガヤスクール『「ナガヤ」×「耐震」見学会＋研究会 @ ヨリドコ大正メイキン』は、50 名を超える来場者があった。

　大阪市立住まい情報センターのギャラリーホールにおける長屋パネル展示も期間限定ではあったが、実施された。

　その年の 11 月のオープンナガヤに先立って、9 月 6 日には、大阪駅前第 2 ビルの大阪市大文化交流センターホールで「オープンナガヤ大阪シンポジウム」を開催したところ、定員 100 名に対して、来場者は 110 名だった。実はシンポジウムの 1 ヶ月前になんと定員を軽々と超えたので急遽席を増やしたという経緯がある。オープンナガヤが定着してきた、大阪長屋への関心が高まってきたという実感を持った。

　かくして、生き生き長屋情報……創造的不動産情報を、大家さんや入居希望者が日常的に体感できる仕掛けができ、長屋をめぐる人と人の出会いの場が出来ることとなる。

8-6 まとめ ── 大阪長屋のコミュニティ再生戦略

　本書では、大阪長屋そして長屋ぐらしには魅力が溢れていることを見てきた。むすび、つながり、シェアが大阪長屋のキーワードであり、そこで生まれる楽しさは人と人をつなぐ触媒となる。大阪長屋は人にやさしく、福祉施

設にもピッタリである。

さらに大阪には、長屋が複数棟連なったり向かい合っていて路地と一体になっている魅力的な「長屋スポット」が少なからずある。

大阪長屋、長屋ぐらし、そして長屋スポットと広がると、点から線へ、線から面へと、いわばエリアとなり……大阪長屋再生まちづくりはエリアリノベーションのひとつの典型といえる。

スポットというある程度の規模で残っていることは、保全という観点から有利な条件だが、逆にその周辺の土地と一体化することによって、接道義務などをクリアすれば、一挙に大規模な除却、建て替えが進むというリスクを持っている。

もともと接道条件が整っているスポットで、所有関係が単純な場合、敷地がまとまっている分、相続時等に売却、除却、建て替えは確実に進んでいく。逆に所有関係が複雑なところは、一挙に売却されることがないため、案外残るといわれている。

長屋の1住戸の改修から始まり、それらが群（スポット）となることと、継続的な改修を前提とすることから可能となるデザインがある。

大阪長屋では、空家の多さが経営の大変さを物語るが、一方では耐震補強、改修が可能となるという点では空家がチャンスといえる。これを大家さんが活かすことができるか否かが問われている。

大家さんの負担を減らし、入居希望者の背中を押す仕組みとして、入居者自己改修システムの可能性がある。

一般市民を長屋入居希望者に変える。そのために一般市民へ生き生き長屋情報を伝える。これによって長屋ファンになってもらう。例えば長屋の一角に共用リビングをつくると、人をつなぐ空間となり、コミュニティが生まれ、生き生き長屋情報の体感の場となる。そこに集う若い長屋ファン達は空室が出るのを待って、次の入居者となる。不動産経営的に、良循環といえる。

不動産所有者がその気になり、動かなければ、まちづくりは本物にならない。一人の建築家がきっかけをつくったまちづくりが根付き、行政の本格的なバックアップも得て、地元の市民特に不動産所有者：長屋の大家さんが立ち上がると、本物の長屋再生まちづくりとなる。それは、消極大家さんを積極大家さんへ変えること。そのためには大家さんと長屋人をつなぐことに

よって、大家さんへ生き生き長屋情報を伝えることにほかならない。

　最後に「大阪長屋再生戦略」について、これまでの知見をまとめると、以下のようになる。

1. 長屋再生事例を増やし、あるいは発掘し、魅力的な情報を蓄積する。生き生き長屋情報（創造的不動産情報）

2. 大阪長屋を所有し、あるいは住み、あるいは商いをし、生き生き長屋情報を持っている人：長屋人（ながやびと）……彼らがキーパーソンである。

3. 消極大家さんに生き生き長屋情報を伝え、積極大家さんへ変える。

4. 　一般市民へ生き生き長屋情報を伝え、長屋入居希望者に変える。

5. 不動産屋、専門家の役割は、長屋人を大家さん、長屋入居希望者とつなぐ。

6. 上記１〜５を実現するためにオープンナガヤ大阪を開催する。オープンナガヤには空家を埋め、コミュニティをはぐくむ効果がある。

7. オープンナガヤを発展させ、大阪長屋再生ネットワークをつくる。

おわりにかえて

大阪長屋再生まちづくりの社会的評価

　この長屋再生プロジェクトを 2007 年に始めてわずか 1 年の 2008 年度に、我々のグループは以下の 3 件を受賞した。

① 2008 年度　住まいのリフォームコンテスト理事長賞
② 2008 年度　リジェネレーション・建築再生展　アイデアコンテスト環境賞
③ 2008 年度　日本都市計画学会関西支部　関西まちづくり賞
　「大阪市北区豊崎における長屋スポットの保全・再生プロジェクト」

　これは筆者からすると実に想定外のことだった。筆者の専門は「まちづくり」の、しかも「研究」である。まちづくりの成果は目に見えないことが多い。人々が元気になった、笑顔が多く見られるようになった……などという場合が多い。しかもその研究である。特に何ができたのかよくわからない世界である。賞をいただくなどということは、まず考えたことがなかった。

　それに対して、物ができる、建築という空間ができあがるということの価値が如何にわかりやすいか、説得力を持っているかということを、納得させられたのが受賞という事件なのだった。正確にいうと我々大阪市大の長屋研究グループはその後も、色々な角度から色々な団体の賞を頂き、2019 年度までで合計 13 件に上る。空間の持つ力、よいデザインの持つ圧倒的な力を、しみじみと感じるのである。

　大阪市大の長屋研究グループとは谷直樹、竹原義二、藤田忍、小池志保子（敬称略）を中心としているが、①から⑬の各賞の受賞者は微妙に異なる。詳細は各賞の公式サイトをご覧いただきたい。

　以下に各賞の講評がある場合、その結論に該当する部分を転載して、大阪長屋研究がどのように評価されているのかを見る。

　住生活史、住宅設計、まちづくり論という各専門の連携による研究成果であることを反映して、多様な分野での受賞となっている。

④ 2009年度　大阪市ハウジングデザイン賞特別賞

⑤ 2009年度　第30回 INAX デザインコンテスト　銅賞　(株) INAX

⑥ 2009年度　芦原義信賞　日本建築美術工芸協会「豊崎長屋」

　ハウジング、デザイン、美術工芸というキーワード。

⑦ 2010年度　建築学会　教育賞（教育貢献）

　「大阪長屋の再生 ストック活用力育成プログラム」

　「本教育プロジェクトは、学生の参加により社会問題でもある住宅ストック活用に関して実践的に取り組んだものであり、今後の建築教育の発展に大きな貢献をしたものと評価される」──これはほんまもん教育に学生が真正面から取り組んでくれたことに対する評価を、教員グループが指導者の立場で受賞したものである。

⑧ 2010年度　都市住宅学会　業績賞

　「大阪長屋の再生―豊崎長屋における社会実験―」

　「若者など新たな住民が流入するなどソーシャルミックスや活性化に貢献しており、他の長屋オーナーへの啓蒙活動の一助となっていることを考えると、長屋再生のパイロットプロジェクトとして、都市住宅学会の業績賞にふさわしい事業と評価される」──入居している若者、入居待ちの若者が列をなしている様子は、大家さんたちに希望を与える。

⑨ 2011年度　グッドデザイン賞・サステナブルデザイン賞（経済産業大臣賞）

　賃貸長屋［豊崎長屋］

　「再開発では決して実現できない、繊細な下町の雰囲気を残しながら、現代の生活、耐震性、防災の確保にも取り組んだ意欲的なリノベーションの試みである。大阪下町の長屋の再生計画として、ひとつの可能性を示した、プロトティピカルな提案として高く評価したい」──いまでいう SDGs を先取りしたという、高い評価である。

⑩ 2014年度（公社）日本建築士会連合会　第8回まちづくり賞・まちづくり

　優秀賞

　「大阪長屋再生によるまちづくり」〈豊崎長屋保全研究会として〉

⑪ 2018 年度　第五回福祉住環境サミット・福祉住環境アワード（住まいづくり部門）優秀賞「大阪長屋の保全活用とネットワーク形成に関する研究」
　　──まちづくり、福祉という切り口での受賞。

⑫ 2018 年度　日本建築学会・著作賞「いきている長屋　大阪市大モデルの構築」
　「リノベーションが一般性をもった設計手法として市民権を得つつある現在、類似の著作は数多く刊行されているが、まず活用ありきのリノベーションに終始するのではなく、歴史的建築に住まう真の価値観が、専門領域や世代を超えて共有されるプラットホームを形成するべきであり、その際にまず参照すべき著作として高く評価された」──大阪市大長屋研究グループが総力を挙げて、長屋再生の大阪市大モデルを解き明かし、情報発信したものである。

⑬ 2019 年度　都市住宅学会　業績賞「大阪長屋の保全・活用情報を発信する「オープンナガヤ大阪」の連続開催」
　「このイベントは、参加者に多様な再生モデルを提示するだけでなく、関係者（再生長屋の居住者・利用者、潜在的ユーザー、技術者など）の相互交流、長屋ネットワークの形成、再生技術に関する情報提供の機会をつくり出し、長屋の保全、再生の促進に大きく貢献している。さらに特徴的なことは、イベントの企画。運営、広報を主に学生が担い、公式ガイドマップやウェブサイトの作成、会場案内、活動記録集の作成などを年間通して行っている点である。まさに教育と実践が結びついた事業であり、開催継続によりさらに高い教育効果が認められている」──個々の長屋再生にとどめず、全大阪へ広げていくまちづくりイベントとして発展させてきたことに対して、高い評価が与えられた。

参考文献

〔論文〕
- 小伊藤亜希子・小池志保子・行田夏希・峯﨑瞳・藤田忍（2018）「新規入居者による大阪近代長屋の住み方」日本建築学会計画系論文集 83
- 小池志保子・小伊藤亜希子・行田夏希・峯﨑瞳・藤田忍（2020）「大阪近代長屋における改修を伴う新規入居の仕組みと改修の傾向」日本建築学会計画系論文集 85

〔書籍〕
- 藤田忍（2013）「まちづくりからみた大阪長屋の再生戦略」、谷直樹・竹原義二編「いきている長屋：大阪市大モデルの構築」所収、大阪公立大学共同出版会 pp. 162-179
- 藤田忍（2017）「大阪の長屋保全まちづくり：この 10 年の振り返り」、大阪市立大学都市研究プラザ編著『包摂都市のレジリエンス：理念モデルと実践モデルの構築』所収（第 10 章）、水曜社 pp. 140-156

〔報告書〕
- 藤田忍・小池志保子・小伊藤亜希子・三浦研他（2016.3）「大阪長屋の保全活用とネットワーク形成に関する研究報告書」公益財団法人アーバンハウジング
- 藤田忍・小池志保子・小伊藤亜希子・三浦研他（2017．4）「大阪長屋の保全活用とネットワーク形成に関する研究報告書（その2）」公益財団法人アーバンハウジング

〔季刊まちづくり等〕
- 藤田忍（2008.4）「大阪の長屋を活かしたまちづくり」季刊まちづくり 18 号、学芸出版社 pp. 110-115
- 藤田忍（2011.6）「大阪長屋の再生：スポット単位の不動産モデルの構築と展開」季刊まちづくり 31 号、学芸出版社 pp. 20-23
- 藤田忍・中嶋節子・小池志保子（2011.12）「建築、住宅、都市そして市民を育てるオープン・ハウス・ロンドン 2011 見てある記」季刊まちづくり 33 号、学芸出版社 pp. 114-119
- 藤田忍（2017.2）「まちづくりの鍵を不動産所有者が握っている：背中を押す創造的不動産情報」「月刊不動産流通」No.418、株式会社不動産流通研究所 pp. 8-9

〔建築学会近畿支部・大会〕
- 松村明日香、藤田忍、木谷吉輝、百崎久美子（2009.5）「大阪型近代長屋スポットの研究（その1）」日本建築学会近畿支部研究報告集、第 49 号計画系 pp. 617-620
- 木谷吉輝、藤田忍、百崎久美子、松村明日香（2009.5）「大阪型近代長屋スポットの研究（その2）」日本建築学会近畿支部研究報告集、第 49 号計画系 pp. 621-624
- 松村明日香、藤田忍、百崎久美子（2009.7）「大阪型近代長屋スポットの研究（その1）」日本建築学会大会学術講演梗概集F - 1分冊 pp. 597-598
- 百崎久美子、藤田忍、松村明日香（2009.7）「大阪型近代長屋スポットの研究（その2）」日本建築学会大会学術講演梗概集F - 1分冊 pp. 599-600
- 藤田忍・小伊藤亜希子・小池志保子・桝田洋子・綱本琴・竹原義二・谷直樹（2010.5）「大阪豊崎長屋の再生に関する研究（その1）：長屋再生の課題と研究の枠組み」日本建築学会近畿支部研究報告集、第 50 号計画系 pp. 161-164
- 小伊藤亜希子・小池志保子・藤田忍・綱本琴・桝田洋子・竹原義二・谷直樹（2010.5）「大阪・豊崎長屋の再生に関する研究（その2）：増改築の経歴からみた長屋の住生活」日本建築学会近畿支部研究報告集、第 50 号計画系 pp. 165-168
- 小池志保子・藤田忍・小伊藤亜希子・桝田洋子・綱本琴・竹原義二・谷直樹（2010.5）「大阪豊崎長屋の再生に関する研究（その3）：長屋再生のための設計手法開発」日本建築学会近畿支部研究報告集、第 50 号計画系 pp. 169-172
- 松村明日香・藤田忍（2010.7）「大阪型近代長屋スポットの研究：スポットの分布と所有者の動向」日本建築学会大会学術講演梗概集F - 1分冊 pp. 283-284
- 松村明日香・藤田忍・俣野喬仁（2011.5）「大阪型近代長屋スポットの研究：残存状況と保全の可能性（その1）」日本建築学会近畿支部研究報告集、第 51 号計画系 pp. 397-400
- 俣野喬仁・松村明日香（2011.5）「大阪型近代長屋スポットの研究—残存状況と保全の可能性（その2）」日本建築学会近畿支部研究報告集、第 51 号計画系 pp. 401-404
- 古川理瑛・藤田忍・荻千紘・植高司・俣野喬仁（2012.5）「大阪型近代長屋スポットに関する研究：所有者への情報提供と居住者の共用空間利用」日本建築学会近畿支部研究報告集、第 52 号計画系 pp. 481-484
- 古川理瑛・藤田忍・俣野喬仁・植高司（2012.9）「大阪型近代長屋スポットの研究：所有者への情報提供と居住者の共用空間利用」日本建築学会大会学術講演梗概集F - 1分冊 pp. 519-520
- 植高司・古川理瑛・藤田忍（2013.5）「大阪型近代長屋情報提供イベントの社会実験に関する研究」日本建築学会近畿支部研究報告集、第 53 号計画系 pp. 721-724
- 植高司・古川理瑛・藤田忍（2013.8）「大阪型近代長屋情報提供イベントの社会実験に関する研究」日本建築学会大会学術講演梗概集F - 1分冊 pp. 417-418

藤田 忍（ふじた・しのぶ）

大阪市立大学名誉教授。大阪公立大学大学院生活科学研究科客員教授。専門はまちづくり。学術博士。一級建築士。大阪府建築士会まちづくり委員会委員長などを務め、現在特任顧問。都市住宅学会業績賞「大阪長屋の保全・活用技術を発信する『オープンナガヤ大阪』の連続開催」ほか受賞。

6章分担執筆者

小池 志保子（こいけ・しほこ）

大阪公立大学生活科学研究科教授。建築家、博士（工学）。設計事務所勤務を経てウズラボ共同設立。大阪長屋の再生プロジェクト「豊崎長屋」でグッドデザイン賞サステナブルデザイン賞ほか受賞。著書に『リノベーションの教科書』『竹原義二の視点』など。

長屋から始まる新しい物語
――住まいと暮らしとまちづくりの実験

発行日　　2023 年 3 月 7 日　初版第一刷発行

著　者　　藤田 忍
発行人　　仙道 弘生
発行所　　株式会社 水曜社
　　　　　〒160-0022 東京都新宿区新宿 1-26-6
　　　　　TEL.03-3351-8768　FAX.03-5362-7279
　　　　　URL suiyosha.hondana.jp
ＤＴＰ　　小田 純子
印　刷　　モリモト印刷株式会社

江戸時代の家

暮らしの息吹を伝える

大岡敏昭 著　2,420 円

ISBN 9784880654331

武士や農民、町人の家。芭蕉、良寛の庵など手書き図版多数。今日に伝わる日本の家の造り方、住まい方を考える。

民家のデザイン

［日本編］［海外編］全 2 冊

川島宙次 著　各 5,060 円

ISBN 9784880653945

文化が変われば、民家も異なる。それはなぜか？ 歴史と風土に培われた住まいの造形、暮らしがみがきあげた機能を緻密なイラストで展開するA4大型本。

［日本編］
民家の屋根、民家の外観、民家の内部、土蔵、商家、民家のつくり。
［海外編］
穴、水、空、天幕、車の住まい。土、草、竹、黍、葦、木の葉葺きの家など。

ISBN 9784880653952

全国の書店でお買い求めください。価格はすべて税込（10%）